人物形象设计专业教学丛书

Fashion Image Design and Training

整体形象设计与实训

吴帆 编著

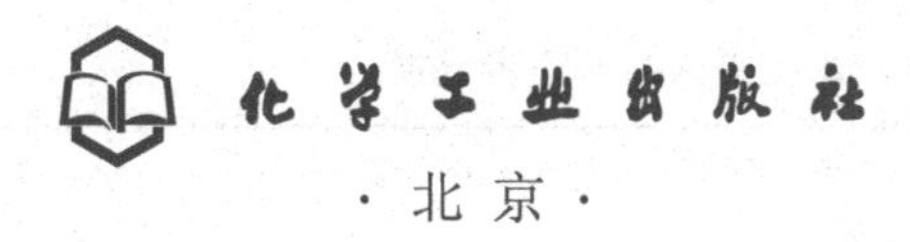

·北京·

本书是一本关于整体形象设计综合实训的书，包括形象设计的功能与风格，以及文化类、广告类、时尚类主题风格的案例导入与实战训练。书中不仅列举了大师级的优秀作品，同时还有深圳职业技术学院人物形象设计专业师生的一些获奖作品，既具有欣赏性和引领性，又有很好的可操作性和借鉴性。

本书适合高等院校、高职高专院校人物形象设计专业和相关专业以及非专业领域的爱好者们阅读、学习与借鉴。

图书在版编目（CIP）数据

整体形象设计与实训／吴帆编著．—北京：化学工业出版社，2015.3（2024.4重印）
（人物形象设计专业教学丛书）
ISBN 978-7-122-22900-7

Ⅰ.①整… Ⅱ.①吴… Ⅲ.①个人-形象-设计 Ⅳ.①B834.3

中国版本图书馆CIP数据核字（2015）第020045号

责任编辑：李彦玲　　装帧设计：王晓宇
责任校对：宋　玮

出版发行：化学工业出版社（北京市东城区青年湖南街13号　邮政编码100011）
印　　装：涿州市般润文化传播有限公司
787mm×1092mm　1/16　印张7　字数165千字　2024年4月北京第1版第6次印刷

购书咨询：010-64518888　　售后服务：010-64518899
网　　址：http://www.cip.com.cn
凡购买本书，如有缺损质量问题，本社销售中心负责调换。

定　　价：49.00元

前言

从接受化学工业出版社的通知到完成本书，真正写作的时间很短，还是有幸及时交稿了。究其原因，有三个方面。第一，书中大部分的内容是从十几年以来大量的学生课程成果中整理出来的。人物形象专业于2001年获广东省教育厅审核批准成立，由于成立时间比较早，专业没有可以参考的办学和教学模式，所以早期办学和授课都是摸着石头过河，从海外及相关领域整理、收集一些素材和资料。十几年下来，我们积累的成果还是不少，我在整理资料的时候，心情也是非常激动的。第二，大量的课程作业与成果均来自专业教师们长期以来的辛勤付出和细致整理。书中我们优选了一些学生的获奖作品，这些成绩不是一天两天就能拿出来的，它们都来自于专业教师们和学生们的实实在在地十年如一日的付出，当我看到一些很多年以前的作品图片时，当时的许多画面仍然历历在目。第三，书的第一部分中整理了一些理论性的知识，这些知识是我们长期授课后积累下来的，在这几年的教学研究工作中，我们创建了课程教学网站、建设了专业图片库、成立了专业工作室、开设了校级精品课程、出版了国家级精品教材……如果没有这些积累，短短的几个月是写不出这样的教材的。在教材即将出版之际，我再次真诚地感谢曾经为专业建设与教学付出了辛勤工作的专业教师们，包括杨秋华、白敬艳、朱建忠以及曾经为课程教学付出劳动的代课教师们；还要感谢自2003年至2013年毕业的各届学生们，因为大量的作品都是从他们的作业中选拔出来的；感谢化学工业出版社对本书的出版给予的大力支持。

由于编写时间仓促，本书对有考证的图片都做了尽可能详细的出处说明，个别图片因资料不全无法确认，再次向有关作者表示歉意！若有发现，欢迎及时来电联系，以示感谢。

这本整体形象设计与实训教材是深圳职业技术学院人物形象设计专业十几年的教学精华的集中发布，是我们回馈于社会与行业的一分成果，也是一件珍贵的礼物，希望能给学生、教师、设计师带来启发和触动，也十分期待大家的批评与指正。

吴帆

2014.12

课时安排

建议80课时（16课时 ×5周）

章节	课程内容		课时
第一章 形象设计的功能与风格	形象的社会功能		2课时
	影响20世纪形象艺术的风格及代表人物		4课时
	20世纪有影响的流行时尚设计大师		4课时
	形象设计的原则	功能性——强调信息传播的原则 文化性——强调设计个性的原则 审美性——强调美学效果的原则	4课时
第二章 整体形象设计与训练 （文化类主题）	训练项目	1.设计案例介绍 2.造型设计实训	66课时
第三章 整体形象设计与训练 （广告类主题）	训练项目	1.设计案例介绍 2.造型设计实训	66课时
第四章 整体形象设计与训练 （时尚类主题）	训练项目	1.设计案例介绍 2.造型设计实训	66课时

第二章、第三章、第四章三选一

目录

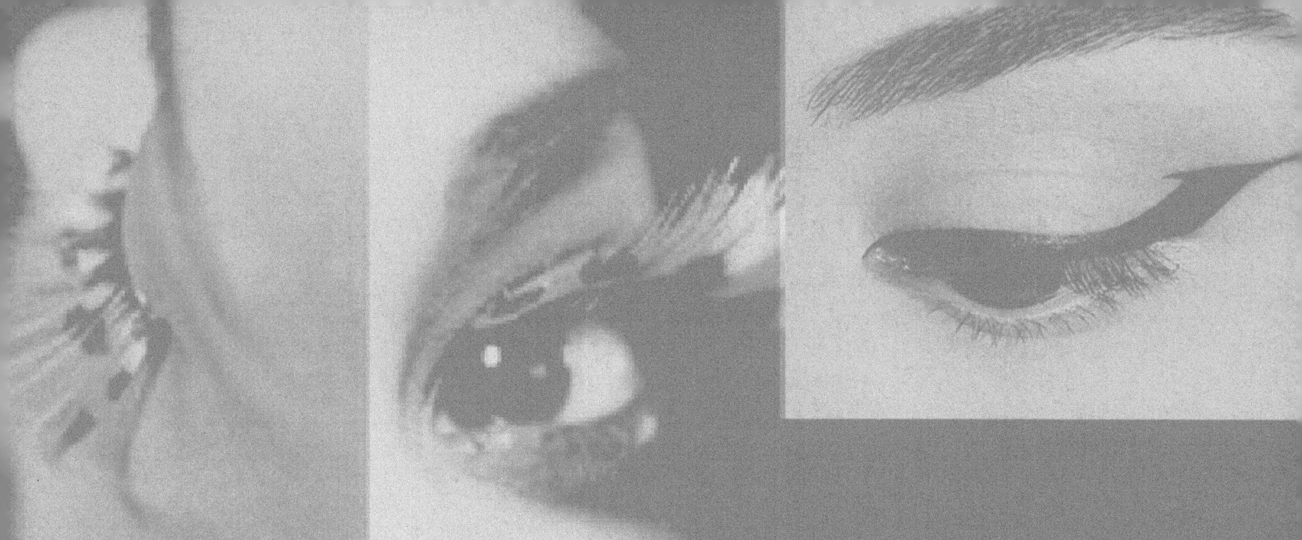

Integral Image Design and Practical Training

第一章　形象设计的功能与风格

Chapter 01

第一节　形象的社会功能

何谓形象？从形象与人的关系中不难发现，人类的形象既是人类作为生命个体在生存环境中的客观生存和需要，也是人类作为“社会人”在群体中生存所依赖的精神性需求，这就表现出形象的基本性质，即来自于生理方面需求的物质性特性和来自于心理方面需求的精神性特性。

一、形象的物质性

形象的物质性表现为人类作为生命个体在生存环境中的客观生存和需要，具体来说即人类在自然环境中为了避寒、防暑所产生的衣服需求；为了与族群相处所产生的行为、语言和表情需求；满足人类自身的洗发、束发、护肤等生理需求等。这种物质性使得形象研究渗透到科学性的领域，如衣服面料的保温性、散热性、透气性、吸湿性；护肤用品的保湿性和滋润性；清洁产品的洗涤性等。这是人类长期与其所处的自然环境相互适应所积累下来的生活经验，从而也决定了世界各民族、各地区人们形象的地域性特点。

二、形象的精神性

形象的精神性也是形象的社会功能和作用。人类好群居，这也就决定了人类的群体性特点，即“社会人”。在一个群体中的社会人需要向他人展示自己的地位、喜好、性格和能力等自我的特征，甚至需要向异性展示自己的与众不同、胜人一筹的魅力，此时，物质化的形象无法区别人与人之间的特点，这就要求人类从精神的层面表达形象，增加形象的附加物，如装饰、态度、语气、状态等，具体表现为形象的装饰性和象征性。如族群酋长的服饰、身体彩绘、等级制度等。

形象的装饰性源于人类对于美的追求心理，即审美意识，由于人类所处的地理环境及生产力发展水平的差异，以及文化意识形态的差异，使得人类对于美的标准定义以及美的表现形式各有特色。

形象的象征性是指人类在群体生活中，运用具有象征意义的形象表现手法向他人展示自己的特点，比如自己的身份、地位、信仰、喜好、情感等。这些形象的表现手法除了满足人类自身的初级审美的目的外，象征意义尤其重要，它表明人类开始借物化的外表以表达心里的需求，开始了更高层次的审美活动。在长期的与大自然进行的生存斗争中，人们信仰超自然的力量存在，这种需求在人类原始的身体装饰艺术中等到充分的体现，比如对原始图腾崇拜的形象化诠释；借动物皮毛、兽齿、羽毛进行装饰身体以表现强者的威武形象等；同时，人类对地位的憧憬表现在形象的等级化与阶级化上，尤其是人类进入阶级社会后，服装、服饰、个人用品、礼仪无不起到“辨等威，显贵贱”的作用和功能；同时，也成为统治阶级稳定社会秩序、规范伦理道德的重要工具。另一方面，人们通过形象的象征、标识作用向他人传达个人的主观情感。比如，以郑重、严格的典礼造型来表达对对方的恭敬和尊重；以随意、亲切的造型来表达和睦和友好；以颓废、不羁的外形表达反抗和傲慢；以华丽、醒目的装扮表现自信和祝贺；以低沉、灰暗的色彩造型来表达哀痛和肃穆等。

形象的象征性作用在影视形象、宗教形象、民族形象、国家形象中更是集中显现，它们形成了人类社会的鲜明特征，这种特征随时代的变迁而发生着有趣的变化。

三、形象的功能

1.生存功能

形象的生存功能包括“生理”和“心理”两个方面。“生理功能”通过形象识别个体特征，形象造型物品有保护身体以抵抗强烈的日晒、极度的高温与低温、冲撞、蚊虫、有毒物、利器及与粗糙物质接触的功能，同时隔离任何可能会伤害未经保护的人体的东西；“心理功能”是借助造型物品达到“驱邪护符”的作用，帮护人们排除种种心理矛盾和障碍。人类在设计衣物、美化和保护皮肤、头发等方面以及解决某些实际的问题上已经展现了高度的创造力。

2.社会功能

衣物、配件、饰品与化妆、发型等传达的社会讯息包含了社会地位、职业、道德、宗教、婚姻状态以及性暗示等，人类必须知道这些符码以辨别传递出来的讯息。如果不同的团体对于同一件衣物或装饰解读出不同的涵义，那么穿衣者可能会激发出一些自己所没有预期到的反应。

（1）阶层功能

权力地位的区别——在许多社会中，拥有高地位的人会将某些特别的衣物、饰品及造型方式保留给自己来使用。比如，只有罗马皇帝可以穿戴染成紫红色的服装；只有高地位的夏威夷酋长可以穿戴羽毛大衣与鲸齿雕刻。在许多情况下，有些专门的统治机构会精细地管理人们（尤其是上流社会阶层）的穿衣打扮、言行举止；而对低层民众没有规定他们的行头，只是要求他们不应带穿戴使用的衣物。

身份特征的识别——军人、警察、消防队员通常会穿着制服，而许多企业中的员工也可能如此；中小学生经常会穿校服；大学生毕业典礼则穿学士服；宗教成员可能会穿着修道士服或道袍……有时候单是一件衣物或配件就能够传达出一个人的职业与阶级，比如说，主厨头上所戴的高顶厨师帽等。

（2）文化功能

民族风俗的特点——在世界上许多地区中，民族服装与服装风格代表了某个人隶属于某个村庄、地位、宗教等。一个苏格兰人会用格子花纹（tartan）来宣告他的家世；一个正统犹太人会用侧边发辫来宣告他的信仰；而一个法国乡村妇女会用她的帽子来宣告她的村庄。

社交礼仪的规范——印度女人结婚后，她们会在发际间点上朱砂痣，一旦守寡，她们就要抛弃朱砂痣与珠宝，并且穿着朴素的白衣；西方男女可能会戴上结婚戒指来表示他们的婚姻状态等。

（3）审美功能

满足自我的兴趣——衣物也可以用来表现个人对其文化规范与主流价值观的异议，以及个人的独立性。在19世纪的欧洲，艺术家与作家会过着波希米亚式的生活，并且刻意穿着某些衣物来震惊他人。乔治・桑穿着男性的服装、女性解放运动者穿着短灯笼\裤、男性艺术家穿着丝绒马甲与艳俗的领巾。波希米亚族、披头士、嬉皮士、哥特族、朋克族继续在20世纪的西方颠覆传统文化。近年来，高级时装都开始“抄袭”街头时尚，这或许让街头时尚丧失了某些震惊他人的力量，却仍旧激励无数人试图把自己打扮的酷炫有型，追求一种非主流元素的个性特征。

吸引他人的注意——有些形象会表现出端庄气质，比如许多穆斯林女性会穿戴上头部或身体的遮蔽物来表现出她们是值得尊敬的女性；有些形象则具有挑逗的意味，比如穿着极高的高跟鞋、紧身暴露的黑色或红色衣物、夸张的化妆等。什么样的衣物是端庄与挑逗的？在不同文化之间、在相同文化的不同脉络以及流行随着时间的演进有极端的差异。

（4）表演功能

舞台造型作为角色的作用，使它成为舞台人物形象的装饰符号，与其他舞台要素共同参与戏剧的创造，其功能既不同于生活造型中对服饰品牌价值的重视，也不同于传统戏曲造型需顺应程式化欣赏的要求，而是在实用、再现、组织、审美与象征四大方面着重体现。

实用功能——舞台造型的实用功能并非人们对生活造型的实用观念，生活造型的实用指价廉物美、符合主观选择、穿戴舒适、工艺讲究等；舞台造型的实用功能除含有以上部分因素之外，主要体现在改变形体、帮助行动并为舞台整体效果润色。舞台形象改变形体，指在演员形体的基础上，造型通过工艺手段来创造符合角色要求的外部形象。舞台形象形体改变的标准以最大限度地贴合角色的外部形象、弥补演员本身形体与角色的差距为本。

舞台形象的实用性还体现在它能为其他舞台艺术润色。舞台空间的背景通常是静止的，指示性及符号性极强，而整体形象随角色的表演而更换，为整个舞台注入了活力。可见这种“实用”不是狭义上的便捷，而是广义上的综合协调。

再现功能——每个剧目均有特定的时代背景、民族及性格特征，舞台形象作为角色造型，必然要昭示这些内容，即角色扮演。从再现层来看，主要在以下方面。

第一，再现环境。环境表示是舞台形象再现中的首要意义，通过服装、化妆、发型等手段来揭示所表现的剧目时间、地点、季节、气候、民族、国家、宗教、婚姻状况等。如雨衣或湿衣登台，表示下雨或刚接触水。所有这些，即使没有台词、没有背景也能表现人物的环境。

第二，再现身份。如果说再现环境含有角色身外的装扮意义，那么再现身份就是角色自身的表达。身份再现指形象所揭示的职业、地位、财富，如警察穿着含有标志的警服等。

第三，再现角色个性。角色外观造型不单是为了再现环境与身份，还揭示了所塑人物的性格及内心世界，这是舞台形象再现功能中的重要一环。舞台形象的服装、化妆、发型均有再现角色个性的功能。

组织功能——戏剧演出不是大合唱，在角色关系上有主次、前后、强弱之分。舞台形象在角色组织安排上有独到的功能。其一，使主角更突出。如用对比、变化的结构来拉开主角与其他角色的关系，使观众从视觉上更注意主角的舞台行动。其二，使其角色身份或性格分块陈列。如皇朝贵族用金黄色，市民用暗色等，使角色更鲜明可辨。

审美与象征功能——舞台形象有唤起联想的特征。它的联想因素属戏剧艺术象征的范畴，角色造型的假定性必然给观众以思考的成份，从形象感知到深层思考，再让思考促使感知升腾，迂回反复。这种联想包含观众对过去经历的追忆及时代、历史、性格的鉴定。例如“花翎”“朝服”，观众自然联想到清代官职身份。另一方面，舞台形象也能唤起观众对戏剧艺术家的理解，如舞台上象征性的色彩、几何形结构服饰，观众并不认为生活或某时代同样如此，而是联想到这是戏剧艺术家的刻意求新。形象的象征功能还表现在未开化民族使用的各种仪式上的假装和假面具，中国传统京剧脸谱艺术也是一个突出的例子。

第二节　影响20世纪形象艺术的风格及代表人物

现代形象设计的艺术表现形式源于不同地域和种族的风格，这里罗列了与人类形象艺术相关的一些主要风格——自原始风格开始到未来风格，其中包括中国风格、日本风格、希腊风格、埃及风格、印度风格、哥特风格、巴洛克风格、洛可可风格、波希米亚风格、迷你风格、朋克风格等，现代形象艺术就是在这些风格形式的基础上发展起来的，了解并学习它们的形成与特点对于学习形象设计是十分重要的。

一、原始风格

1.风格基因

有人认为，美来源于心灵的动力或情感的驱使；也有人认为，美是性的需求与推动。其实，美就其原初的发生是和人的感性欲求联系在一起的，包括审美感觉、审美兴趣、审美情感在内的审美心理要素；它们不仅仅是用来审美的器官，更是人的生理器官，实现生命享受的载体。审美不应当只停留在感性的层面，还应向纵深发展，追求情感的升华和精神境界的愉悦，进而达到感性和理性的愉快而和谐的融合。

2.风格特征

大洋洲上几乎所有海岛的居民，在数千年的原始渔猎生活中，对周围环境极其自然无力改造，而对自身却通过各种方式加以装饰，使自己成为世界上最美的人。这种自我表现美化，可以算是原始人类最早的美术创作，也是人类早期智力表现与竞赛项目之一，大致可以分为三大类，即彩绘、文身、装饰品。

3.代表人物

（1）澳大利亚土著人——彩绘

澳大利亚的土著艺术可远溯到史前时代。约2500年前，土著人的祖先由亚洲迁移至澳洲大陆居住，至今土著居民有的仍停留于渔猎、采集的自然经济阶段，继续过着集群在一定范围内游动的生活。土著人几乎完全赤裸着身体，皮肤上画着线条、圆圈等几何纹样的彩绘，有的施以瘢痕装饰，体现了图腾的崇拜及族群的特征。

澳大利亚土著艺术形式独特而丰富，其典型的美术作品有洞穴里、岩阴处的岩画，桉树树皮上的树皮画，以及纹身、身体彩绘、雕刻、服饰、装饰艺术等。土著艺术与原始生活密切联系，这种艺术无论以何种形式出现，均以点、线及一种称为“X线描法”的独特手法表现，主题多表现神灵、图腾内容，常有葬礼、舞蹈、狩猎等生活场面。此外，祭仪棒、飞去来器、投枪、盾牌、头盖骨上也画有几何装饰纹样。

（2）毛利人——纹身

早在1000多年前，善于航海的毛利人从自己的家乡哈瓦基乘独木舟过来，成为新西兰的土著居民。毛利艺术形式丰富，绚丽多彩，包括雕刻、编织、组舞和纹身术等。毛利人爱好雕刻，材料有木、玉、石、骨、贝壳等，雕刻手法细腻精美，图案几乎完整覆盖着物品的表面，纹饰常是曲线状、双螺旋状，有时也用一种几何图案来表现“梯基”（一种具有潜在力量的超自然物）的主题。最精致的雕刻品是仪式用的独木舟和人形圆柱，这种圆形柱常以整个树干为材料，有的长达5米以上，十分壮观。毛利人还盛行纹身术，面孔几乎完全被螺旋形的刺花面饰所覆盖。

（3）非洲人——装饰品

原始性，赋予非洲艺术以特征明显的感性魅力。基于视觉接触的审美体验，可以用激情奔涌的热烈、如鼓如舞的律动、恣肆率性的强悍、天真自然的朴拙、神秘莫测的深邃和酣畅明快的显达，来描述包括绘画（岩画、壁画等）、雕塑（陶塑、铜像、木雕、牙雕等）、面具、编结、织物、服饰、化妆、环境布置以及匠心独运的实用造型和装饰图案在内的整个非洲艺术的感性魅力。非洲首饰大都是以天然材质做成，造型夸张、别致，工艺精美。至今，仍是首饰设计师的创作灵感的源泉。

二、东方风格

（一）中国风格

1.风格基因

中国古代的美学家宗炳曾用“应目”“会心”“畅神”三个境界来描述审美愉悦。经历感官层次、心意层次达到精神人格层次，即所谓“畅神”，这个层次上的审美愉悦一般见之于对崇高对象的欣赏之中，包含更多的理性因素。在这一层次上，主体超越了有限的物理空间和时间，而进入到无限心灵时空之中，在终极的境界中，似乎窥见了宇宙本体，聆听到了神的召唤，发现了人生永恒价值，达到了对最深沉的宇宙意识和人生哲理的领悟，颇类似于佛教所言的“大彻大悟”，因而往往表现为人格的震动、灵魂的颤栗。庄子用“至乐无乐”来描述这个境界。

中国的封建社会经历了2000年的漫长历史时期，儒、道、释合流的精神统治，一方面孕育了中华民族的灿烂文化；另一方面，也严重地压抑着人性的自由舒展。含蓄，是中华民族文化艺术领域的最大特色。

比如说，受到传统美学思想影响下的妇女形象就是含蓄而收敛的。首先，在我们民族的

传统观念中，女性的身体是不允许被表现的，直接显示于外在的形象上即是身体曲线被严实地包裹起来，尤其是上层阶级的妇女，露出脸部以外的身体被认为是伤风败俗、大逆不道的。所以，自古就出现了所谓的长袖、长衫、交领，甚至妆面起初也是被用来起掩饰脸部的作用。

2. 风格特征

如果简单地将具有中国元素的设计风格统称为“中国风格”的话，未免显得有些过于武断和肤浅，其实，风格的表现还是应该以突出风格灵魂和特质为要领，在中国风格的表现过程中，内敛与含蓄之美始终是主旨和精髓，形似和神似的差别性就此便产生了。

3. 代表人物

Vivienne Tam（维维安·谭）——著名华裔服装设计师

她的作品巧思妙想，从中国文化中撷取灵感，作品融入中国画的留白、写意山水、工笔花鸟、书法骨架，锐意创新化作时尚符号，在世界T型舞台上绘声绘色地诠释了东方时尚的神韵，以服饰语言向世界描绘中华文化的多彩和博大，赢得了大批拥趸者。

（二）日本风格

1. 风格基因

日本人喜欢阴翳、昏暗、幽深远胜于喜欢明亮、华丽、绚烂，这从他们的文化和生活习惯中可以明显看出。这种东方式的“神秘”曾使西方人大惑不解，但恰恰正是这种神秘之美，造就了日本人独特的日本文化。正是这种以阴翳、昏暗、幽深为其美学特征和精神心向，造就了寂寥素朴、古雅娴静的日本文化模式，而正是这一模式又使日本在世界文化之林中打上了自己鲜明的个性色彩。樱花、和服、演歌、艺妓、清酒、小屋……日本，首先是以这些意象性的东西，被人们深深记住。因此，作为一种美学境界和文化现象，阴翳当然不失为其光泽。日本人常说“发现日本美”之类的话，实际上在很大程度上就是发现阴翳之美。

2. 风格特征

西方的着装观念往往是用紧身的衣裙来体现女性优美的曲线，而以山本耀司、小筱顺子为代表的日本设计师，没有否定东方传统文化的价值，而是以和服为基础，从传统日本服饰中吸取美的灵感，传统裁剪工艺在时装中的应用是日本对和服文化的肯定与再创作，带有东

方文化韵味的现代设计，令日本设计独具一格。东方传统设计与现代设计的交叉演绎是对日本设计的最好概括，也是日本设计师的共同特性。日本设计既可以静、虚、空灵，也可能繁复多变，既可以严肃又可以怪诞，既有楚楚动人抽象的一面，又具有现实主义精神实用的一面。

日本设计的执著精神，是日本设计师的共性，也是日本设计取得世界设计体系认可的重要原因。

3.代表人物

Issey Miyaki（三宅一生）——著名日本裔服装设计师

三宅一生的时装一直以无结构模式进行设计，摆脱了西方传统的造型模式，而以深向的

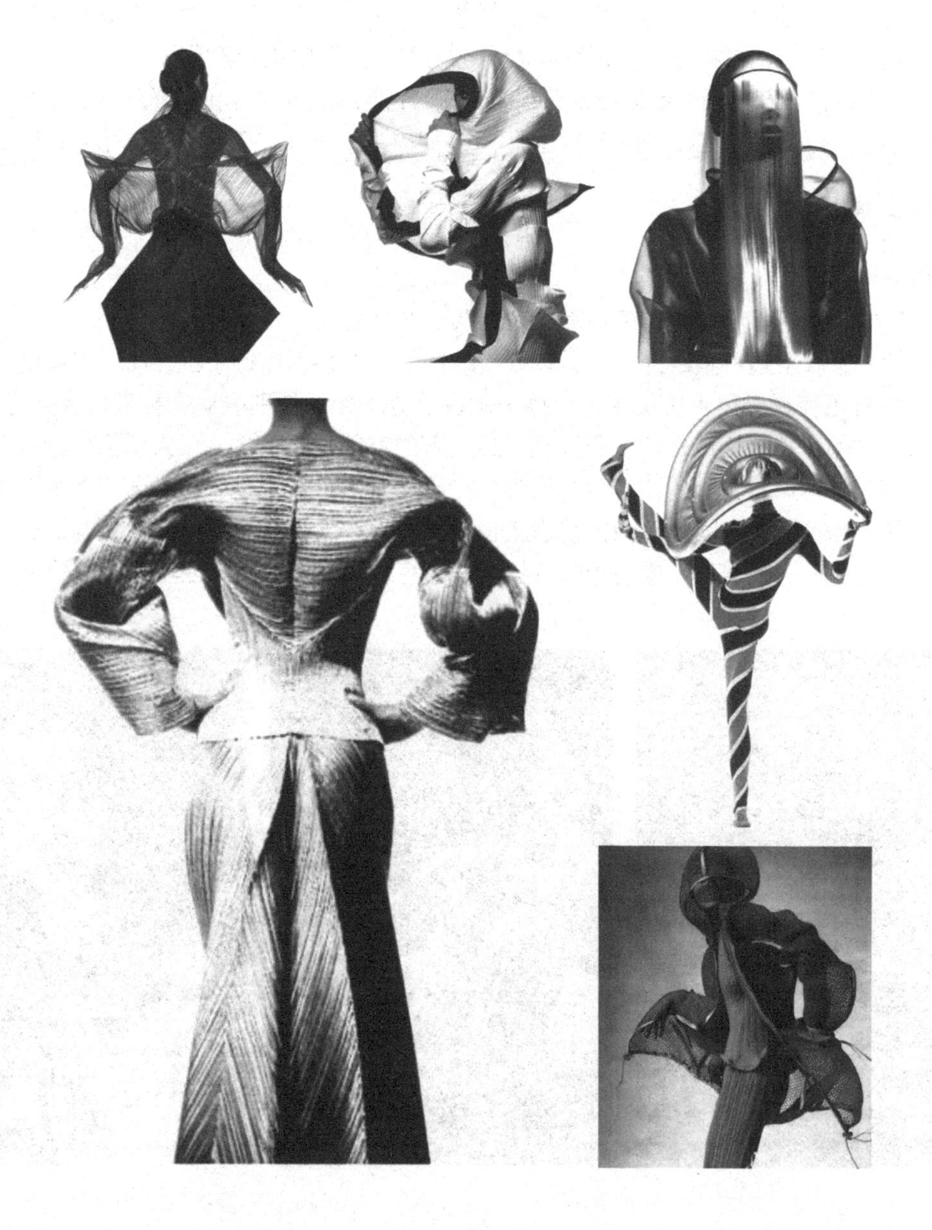

反思维进行创意。他最大的成功之处就在于“创新”，而创新的关键在于对整个西方设计思想的冲击与突破。他从东方服饰文化与哲学观中探求全新的服装功能、装饰与形式之美，并设计出了前所未有的新观念服装，即蔑视传统、舒畅飘逸、尊重穿着者的个性、使身体得到了最大自由的服装。他的独创性已远远超出了时代的和时装的界限，显示了他对时代不同凡响的理解。

在造型上，他开创了服装设计上的解构主义设计风格，借鉴东方制衣技术以及包裹缠绕的立体裁剪技术，在结构上任意挥洒，释放出无拘无束的创造力激情，往往令观者为之瞠目惊叹。在服装材料的运用上，三宅一生也改变了高级时装及成衣一向平整光洁的定式，以各种各样的材料，如日本宣纸、白棉布、针织棉布、亚麻等，创造出各种肌理效果。他喜欢用大色块的拼接面料来改变造型效果，格外加强了作为穿着者个人的整体性，使他的设计醒目而与众不同。对于他来说，没有任何服装上的禁忌。他使用任何可能与不可能的材料来织造布料，他是一位服装的冒险家，不断完善着自己前卫、大胆的设计形象。

三宅一生的设计直接延伸到面料设计领域，将自古代流传至今小的传统织物，应用了现代科技，结合他个人的哲学思想，创造出独特而不可思议的面料和服装，被称为“百料魔术师”。

（三）印度风格

1. 风格基因

摊开历史可发现印度的艺术风格常和宗教结下不解之缘。

在印度的宗教里是不禁欲的，以其苦行与纵欲统一的特色流行于世，而印度教的艺术也以其泄欲的特色存在于艺术历史中，裸体艺术也十分繁荣，性别分明，并且非常崇尚肉感。这一点与西方的基督教恰恰相反。印度艺术最显著的特征是象征主义。人从生殖崇拜升华而来的超越哲学本体论意义上的宇宙生命崇拜，是印度艺术（特别是印度教艺术）象征主义的中心。比如，印度雕塑在人物形象的塑造上也很具特色，女性形象的肢体比例与局部的状貌表现都非常夸张——乳房呈现饱满和圆球状，并高高地隆起，突出对性器官的形状等。

2. 风格特征

装饰性是印度风格的一个显著特征，大量地使用图案和装饰物，色彩鲜艳而华丽；同时兼有图案与符号的双重功能，有些装饰纹样本身就是象征符号。这种装饰手法多为传统刺绣、珠绣、现代印染、布艺拼接及手绘等，将其与纱丽相结合，女性婀娜体态与诱人光彩释放无疑……这些华丽的外表下表达的是印度民族灵魂中的性别暗示与诱惑。

3. 代表人物

（1）Manish Arora——印度著名设计师

Manish Arora在运用“传统刺绣”和“现代印染”绘制出各种华丽图案的同时，将民族气息浓郁的奢华设计呈献给所有时尚人士。而在某些细节上，Manish Arora则又将不同大小的珍珠、莲花、雏菊等装饰元素融于设计，以增加服饰细腻的精致之感；将产自印度的丝绸、透明硬纱、原丝、锦缎，甚至是提花织物融入设计，无论是色彩的饱和抑或是明艳，Manish Arora的整体设计总散发出耐人寻味的自然气息，将“奢华”中最令人炫目的一面，

表现得更为细腻、传神。

（2）Tex Saverio——印尼新锐设计师

这位印尼设计师设计了Lady Gaga在杂志照片中所穿的狂野而又华丽的黑纱长礼服。这件礼服十分精美，同时又气场十足，细网眼、犹如重重火焰般的裙摆设计、大量的透视面料，性感之余却又丝毫不显暴露。他的设计混合了精美繁复的刺绣、羽毛、硬币、链条和具有弹性的金属等不同寻常的材质。

三、西方风格

（一）埃及风格

1.风格基因

在世界古老文明史上，宗教对古埃及文化的影响是让后人叹为观止的！

公元前3000年，美尼斯统一埃及，建立统一王朝，开创了中央集权的法老（国王）专制统治。古埃及政权具有王权和神权合一的特征，具有强烈的宗教色彩。特别应当指出的是古埃及人“死后复生”的观念，对古埃及美术的发展产生了巨大的影响。

封闭的地域，封闭的民族，其艺术形式单一，在3000多年的历史里，埃及艺术几乎没有多大的变化。无论是绘画还是浮雕，也无论哪一种事物，他们都从它最具特点的角度去表现。只有一个人曾经动摇过古埃及风格的铁门槛，他是第十八王朝的一个国王——埃赫拉顿，是个异端派，他的艺术打破以往的庄严、肃穆，具有更多生活气息性，但这一趋向没有持续多久，其代表作品有《涅菲尔蒂》。

从埃及艺术中可以看到，埃及人同今天的艺术家在观看世界的方式上确实有许多差异。埃及人遵循严格的法则，采用几乎千年固定不变的手法进行创作，他们不太讲究画面的美观，更看重的是画面的包罗无遗，把美术作为尽可能清晰地记录事件的手段。埃及艺术不以艺术家在一个特定的时刻所看到的对象为基础进行创作，而以艺术家所知道和固有的东西为基础，即是说不以观察为基础，而以头脑中的概念为基础进行创作，我们称之为概念写实性，这就是埃及艺术的第一个重要特点。几何形式的规整和对自然的犀利观察二者相结合，这是古埃及艺术的又一个特点。

2.风格特征

由于气候和环境的特点，古埃及人，尤其是妇女的装饰甚为严密，直身长裙和头巾是普通妇女的常用服饰。古埃及女子服装以紧身直筒裙为主，筒裙的上端用背带吊于肩部，腰间

系带。筒裙形制如百褶裙，或饰以刺绣；或饰以短小的披肩，结于胸前。女仆则多着短裙。头饰是古埃及妇女的常用饰品之一，兀鹫、蛇形头饰标志王后的最高权力。古埃及人是最早使用化妆品的，他们把牛羊的脂肪和杏仁、芝麻、蓖麻、橄榄油混合制成敷剂和软膏，当作润滑油和防晒油使用。埃及女性尤其注重清洁和美容，熏香被认为是最好的供品，甚至超过鲜花和香果。

埃及风格设计中具有代表性的神秘、宗教色彩、法老形象往往成为其象征性符号，程式化的线条使人产生肃穆、凝重之感。

3.代表人物

Cleopatra（克丽奥佩特拉）——古埃及艳后

克丽奥佩特拉是历代埃及女皇最具魅力的女性之一，拥有极度的智慧和美貌，并把这两者用于埃及长远的政治目标。她是把传奇英雄恺撒玩弄于股掌之上的托勒密王朝的末代

女皇，就是这个谜一样的人物，成就了亚历山大的辉煌，使埃及达到了前所未有的全盛时期。

（二）希腊风格

1. 风格基因

古希腊时期的雕刻是人类自有裸体艺术以来最纯净的、最理想化的美，是人类欲望的一种升华，它把那股四处突进的原动力，通过美的升华而完成了能量的释放，把人类因占有欲而引起的剧烈抗争疏导到艺术的殿堂中而使之达到缓解。

希腊美学思想，重视视觉的形象与造型的形式，他们认为最高的美学理想就是形式和谐。

2. 风格特征

早期米诺文明时期的女子用围巾缠身；至中期，女子的裹身围巾为褶皱布料，以天然纤维棉、麻材料为主，垂感和皱褶自然。具体来说，可将古希腊服饰风格归纳为以下几个特征。服装的披挂性和缠绕性；服装的悬垂性和服装线条的流畅性；服装的自由性和变化性；服装的舒适性和功能性；服装的简洁性和富于内含的单纯性；以无形之形的方式表现人体等。

3. 代表人物

Isadora Duncan（伊莎多拉·邓肯）——美国女舞蹈家

伊莎多拉·邓肯生于旧金山，创立了一种基于古希腊艺术的自由舞蹈而首先在欧洲扬名，后在德、俄、美等国开设舞蹈学校，成为现代舞的创始人。她像森林女神一样，薄纱轻衫、赤脚起舞的形象，在整个欧洲受到人们的欢迎。邓肯认为，舞蹈艺术源于自然人体动作的原动力和来自大自然的波浪运动——海、风、地球的运动永远处在同一的持久的和谐之中。她认为在自然中寻找最美的形体并发现能表现这些形体内在精神的动作，就是舞蹈的任务。她的美学思想可以归结为一句话——美即自然，这与希腊艺术的初衷不谋而合。

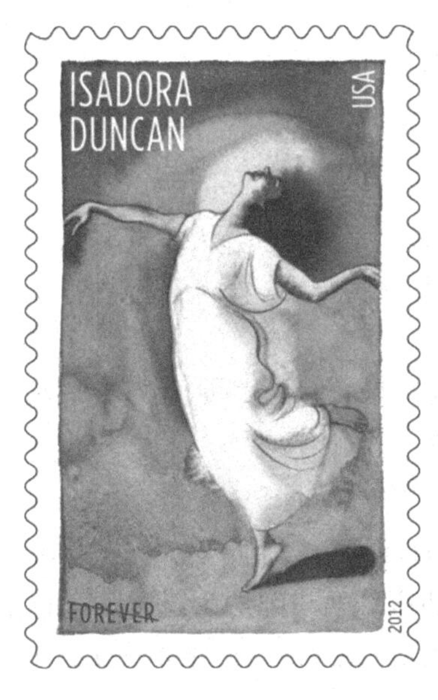
ISADORA
DUNCAN
USA
FOREVER
2012

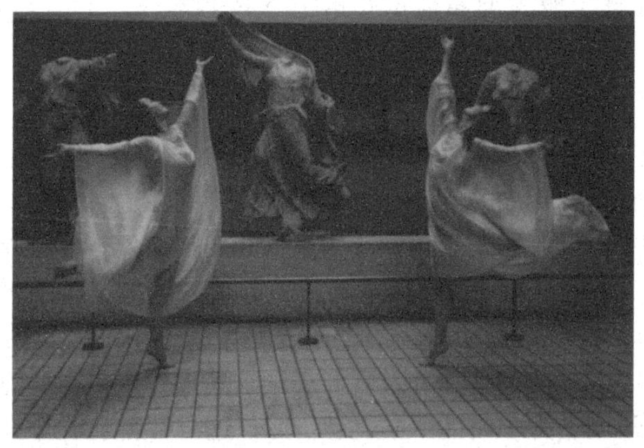

四、哥特风格

1.风格基因

哥特式艺术是“罗马式”艺术的更高发展，为中世纪天主教神学观念在艺术上的一种反映。哥特式艺术是夸张的、不对称的、奇特的、轻盈的、复杂的和多装饰的，以频繁使用纵向延伸的线条为其一大特征。表现在建筑上，有尖拱、小尖塔、垛墙、飞扶壁和彩色玻璃镶嵌等典型元素。哥特作为形容词加在艺术或时装之前，即指哥特式艺术或哥特式时装。哥特式艺术是一种浪漫型的艺术，哥特式时装则可视为当下正流行的新浪漫主义时装的一个分支。哥特式服装受建筑影响较大，其服饰上的特点是多采用纵向的造型线和褶皱，使穿着者显得修长，并通过加高式帽来增加人体的高度，给人一种轻盈向上的感觉。哥特式风格的服饰特别重视外表的浮标效果和线条。

惨白的面孔，夸张的五官，麻木的表情，凌乱的长发，复古的着装和冰冷的金属装饰，这些都已是哥特族的经典特征。表现在现代都市中，便又是主流社团追逐的一种形式化的标新立异。哥特是一种生活态度，是一个可以让人逃离现实而进入的幻想世界，一个黑暗而浪漫的世界。

2.风格特征

哥特式服饰永远的黑色或者是暗色系列的衣服，佩带着很多显眼的宗教饰物，但却几乎天天改变信仰，永远不戴金首饰，性格上其实是不善交际的。哥特式服装风格主要体现为高高的冠戴、尖头的鞋、衣襟下端呈尖形和锯齿等锐角的感觉。而织物或服装表现出来的富于光泽和鲜明的色调是与哥特式教堂内彩色玻璃的效果一脉相通的。

3.代表人物

Kate Moss——超级名模

Kate Moss出众的镜头感和个性，毫不做作的把时装和自己融为一体，不经意中创造出一种感觉，一种气氛和时尚。瘦骨嶙峋和淡棕色的无神眼睛勾勒出足够另类并且让人着迷的气质，不得不被她的颓废感所吸引，她也开启了自20世纪90年代所开始的“病态美”时代。

五、巴洛克风格

1.风格基因

巴洛克（Baroque）一词，据说源于葡萄牙语Barroco或西班牙语Barrueco一词，意思是“不合常规”，原意是指畸形的珍珠，即“不圆的珠”，中世纪拉丁文Baroco，则意为“荒谬的思想”。因而被意大利人借用来表示建筑中奇特而不寻常的样式，后衍义为这一时期建筑上的过分靡丽和矫揉造作。巴洛克风格是17世纪艺术式样上的显著风格，主要表现在绘画和建筑上，并以绚丽多彩、线条优美、交错复杂、富丽华美、自由奔放、富于情感等特点而著称。其与古典艺术最大的区别是，努力打破稳定与均衡，追求的是不稳定、不合度，形体含糊，对比突然，用一些复杂的变化和新奇的手段打破简洁，破坏平衡。巴洛克风格起源于意大利，以后传到法国、英国、西班牙，最终几乎应用于西欧每个国家的教堂、宫殿、歌剧院、博物馆和政府建筑；至今还存在的有法国的卢森堡宫和凡尔赛的主要宫殿、英国的圣保罗大教堂、奥地利维也纳和比利时布鲁塞尔的政府建筑，以及原俄国彼得霍夫的沙皇皇宫等。

2.风格特征

巴洛克风格的服装材质从挺括转向了轻薄柔软的丝绸，为了表现巴洛克的绮丽风格，材质艺术装饰上堆积大量的缎带、花边、纽扣、刺绣、羽毛和丰富的衣褶，不同质地的内外层裙式显现出女性的丰满和神秘。这个时期服装材质的繁杂堆砌和变幻的装饰在某种程度上掩盖了服装造型。

3.代表人物

（1）Daniel Golovin——莫斯科著名摄影师

Daniel Golovin的镜头充满了想象力，繁复、细腻、华丽丽的服装，有着巴洛克风格的装饰堆积，如同古老的宫廷画，充满想象力与张力，怪诞且具有强烈的视觉冲击。

（2）Dolce & Gabbana——意大利时装品牌

2012米兰秋冬时装周上，以“浪漫的晚宴”为主题的Dolce & Gabbana秀场让人印象深刻，无论是服装还是配饰，都传达着浓郁的巴洛克风格，点缀着玫瑰花朵和珍珠的耳环、项链以及发饰，无不透露着繁复而精致的细节之美，展现出女性温柔、浪漫又神秘的极致诱惑。

六、洛可可风格

1. 风格基因

所谓洛可可风格，是指18世纪欧洲范围内所流行的一种艺术风格，它是法文“岩石”和“贝壳”构成的复合词（Rocalleur），意即这种风格是以岩石和蚌壳装饰为其特色；也有翻译为“人工岩窟”或“贝壳”的，用来解释洛可可艺术善用卷曲的线条，或者解释为受到中国园林和工艺美术的影响而产生的一种风格，它对中国特别是清代服装也影响甚大。

洛可可风格排除了古典主义严肃的理性和巴洛克喧嚣的恣肆，它不但富有流畅而优雅的曲线美和温和滋润的色光美，充满着清新大胆的自然感；而且还富有生命力，体现着人对自然和自由生活的向往。与17世纪巴洛克风格对服装上的影响一样，洛可可风格同样反映在18世纪的服装上，与前不同的是，洛可可风格横贯东西，比巴洛克风格有着更大的文化涵盖面。洛可可风格的形成过程受到中国庭院设计、室内装饰、丝织品、服饰、瓷器、漆器等艺术的影响，又称法国-中国式样。

洛可可艺术改变了古典艺术中平直的结构，采用C型、S型和贝壳型涡卷曲线，颜色淡雅柔和，形成绮丽多彩、雍容华贵、繁缛艳丽的装饰效果。除此之外，表现在印花图案上则是大量的自然花卉的主题，所以有人称这个时期法国的印花织物为“花的帝国”。

2. 风格特征

洛可可艺术风格表现在服饰上的特点有，服装面料的质地柔软；花纹图案小巧；面料的色彩趋于明快淡雅，和浓重柔和相并进。洛可可风格的服装主要是由宫廷贵妇率先穿着的。其优美的曲线造型，轻柔而富于动感的丝绸面料，各种绸带、花边、褶皱的运用，繁琐的假发、头纱、面具、扇子等小巧精致的饰品，使18世纪的西方服装笼罩着一层纤巧而富丽的光芒。

华美的衬裙及罗布上装饰着的弯弯曲曲的皱褶飞边、蕾丝、缎带、蝴蝶结和鲜花把女性的阴柔美及极致的浪漫情调发挥得淋漓尽致。弱不禁风、娇滴滴的姿态成了这个时代女性美的鲜明标志。

3. 代表人物

Marie An-toinette（玛丽·安托瓦内特）——法国末代皇后

玛丽·安托瓦内特是奥地利皇帝弗兰茨一世的女儿，1770年年仅14岁的她成为了法国王储路易·奥古斯特·德·波旁的太子妃。从进入法国宫廷之后，玛丽·安托瓦内特每天只是热衷于舞会、时装、玩乐和庆宴，修饰花园，奢侈无度，有“赤字夫人”之称。

七、波希米亚风格

1.风格基因

波希米亚是中欧的古地名，位于现捷克共和国中西部地区，是历史上一个多民族的地区，吉普赛人的聚居地。15世纪，很多行走于世界的吉普赛人都迁移到捷克的波希米亚，之后，他们又以流浪的方式周游欧洲，依靠手艺无拘无束地谋生。

虽然波西米亚人是指捷克波西米亚省的当地人，但波西米亚人的第二个涵义却是出现在19世纪的法国。波西米亚人这个词被用来指那些希望过着非传统生活风格的一群艺术家、作家与任何对传统不持幻想的人。

2.风格特征

波西米亚风格起源于20世纪60年代，热爱自然与和平的嬉皮士通过波西米亚风格的轻松与浪漫以及叛逆的生活方式来表达他们对自由的向往，后来这种对社会秩序的挑战演变为一种单纯的时尚，主要表现为印度风和吉卜赛风。波希米亚不仅象征着流苏、褶皱、大摆裙的流行服饰，更成为自由洒脱、热情奔放的代名词。浪漫是波西米亚风格的关键词，它的魅力源自它暗藏的叛逆。

波西米亚服装风格特点是鲜艳的手工装饰和粗犷厚重的面料，层叠蕾丝、蜡染印花、皮质流苏、手工细绳结、刺绣和珠串，都是波西米亚风格的经典元素。波西米亚风格代表着一种前所未有的浪漫化、民俗化、自由化；也代表一种艺术家气质，一种时尚潮流，一种反传统的生活模式。波西米亚服装提倡自由、放荡不羁和叛逆精神，浓烈的色彩让波西米亚风格的服装给人强烈的视觉冲击力。

3.代表人物

Gucci——著名服装品牌

Gucci推出08/09秋冬服装，主打风格是颇具有野性波希米亚风格，仍以复古的皮草为主，但是不失现代气息。

八、迷你风格

1.风格基因

20世纪60年代的西方社会，政治、经济和流行文化各方面都经历了前所未有的大激荡。反越战示威、美国总统肯尼迪遭暗杀、反种族运动、嬉皮士的诞生、伦敦前卫的时装风潮，种种事件促成了年代面向新思潮、新事物的冲击与洗礼。

当时只有在海滩上、酒馆里、海报中或者在红磨坊舞场，才可以看见裸露着大腿的女郎。Mary Quant为女士们解禁了，迷你裙从英伦出发，逐渐风靡全球，魅力不散。在那个时代，及膝裙已经算是迷你裙，但是Mary Quant勇敢挑战社会人士对女性裙子长度的底线，让迷你变得更加迷你。迷你裙的出现受到保守分子的非议，认为是引人犯罪、伤风败俗的装扮，甚至有愤怒的戴着圆顶礼帽的男人，用雨伞去砸Mary Quant店铺橱窗。但是，迷你裙的旋风无法阻挡，它使伦敦在20世纪第一次成为国际时装的焦点，更带动起“School girl”“Baby Doll”的年轻新形象。这股被史学家称之“伦敦震荡”（Swinging London）的新浪潮，伴随着皮靴、披头士音乐，带来了波及全世界的大震荡。到了60年代中期，“伦敦造型”成为国际性的流行样式，多种不同的迷你风格装应运而生。

2.风格特征

“迷你装”除了裙子之外，还包括一些短小的外衣设计，亦统称为“小衣服”装，穿起来很紧身，很受当时年轻人，特别是十来岁青少年的认同，表现出一种天真的儿童风貌，风行一时。迷你服装也成了当时的青少年和传统服装告别的最主要的手段。与“迷你装”相配合的是消瘦娇小的身材，要求穿着者身材消瘦，胸部平坦。当时著名的英国模特崔姬体重不到90磅，是第一个消瘦型孩子气的当红女模特。在这种时尚风潮中，减肥、瘦身一时成风，而以往丰满韵味的女性形象已与这一时代显得格格不入。发型的设计也很特别，“五点式”“非对称式”的头发十分流行。这一时期女性形象的整体设计是消瘦的身体、柔细的脖子、桀骜不驯的圆形近似头盔似的发型、大而圆的眼睛，一幅天真无邪的模样，不再是女性的妩媚、不再要性感的渲染。胸衣已经成为多余的物品而被弃置在一旁，连裤袜、平底鞋成为最流行的搭配。化妆更加注重表现女孩稚气的一面，强调皮肤的质感，淡化嘴部的颜色，强调眼睛的勾画，假睫毛在当时很流行。玛丽·匡特的塑料花成为当时主要的装饰品，十分流行，甚至被设计成各类形式夸张、色彩鲜艳、材料新颖的首饰，代表着一种未来的意识。

3.代表人物

Mary Quant（玛丽·匡特）——英国时装设计师

玛丽·匡特开创了服装史上裙摆最短的时代，她是20世纪60年代伦敦时装狂飙运动的领袖，她的名言“Good taste is death，vulgarity is life”（好品位死气沉沉，俗艳才是

生命源泉），曾被视为离经叛道，却成为无数年轻人的时装信条。伦敦《星期天时报》更将Mary Quant誉为“少数几位天时地利人和，无一不缺的天才”。

九、朋克风格

1.风格基因

朋克（Punk），是最原始的摇滚乐——由一个简单悦耳的主旋律和三个和弦组成，诞生于20世纪70年代中期，一种源于20世纪60年代车库摇滚和前朋克摇滚的简单摇滚乐。朋克乐队朋克音乐不太讲究音乐技巧，更加倾向于思想解放和反主流的尖锐立场，这种初衷在当时特定的历史背景下，在英美两国都得到了积极效仿，最终形成了朋克运动。

朋克风格由于叛逆、不羁、时尚、个性的特点，一直都受到众多年轻人的喜爱与追捧，时髦的重金属感觉，在休闲中体验一种随性与不被束缚、自由与洒脱，戴上一件略显夸张的朋克首饰，做最率真而个性的自己！

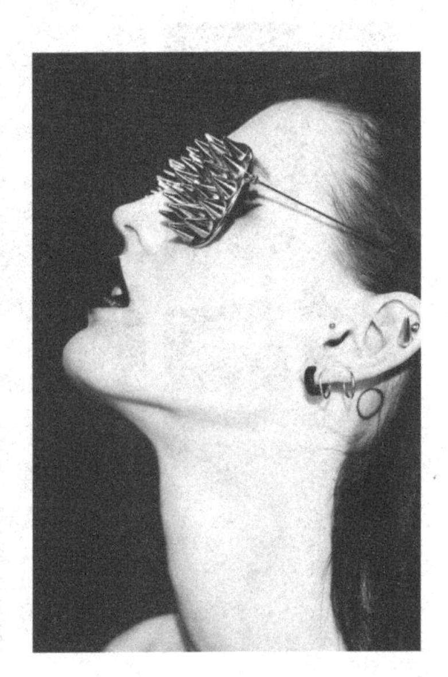

CHAOS

2. 风格特征

朋克的精髓在于破坏，彻底的破坏与彻底的重建就是所谓真正的朋克精神。

酷，是朋克一族追求的风格——黑色皮革、铆钉和网眼袜、格子超短裙、金属饰品等，加上鼻环、唇环等另类身体穿刺装饰；鸡冠头、爆炸头、文身、彩色头发等特征使得朋克给人们带来的感觉永远与叛逆、颠覆传统、貌不惊人死不休。也许在朋克风格初期，这些服饰等同于邋遢、街头等概念，然而，自从20世纪70年代朋克元素在时尚舞台上登场，就宣告与那些“廉价”“低劣”的词语决裂了，朋克风格为各大设计品牌所重构、吸收始于维维安·威斯特伍德。

3. 代表人物

Vivienne Westwood（维维安·威斯特伍德）——英国服装设计师

维维安·威斯特伍德无疑是时装界最不安分的老太太。她曾被美国时装权威《Women’s Wear Daily》喻为20世纪最具创造力的时装设计师，以puck、sex 和streetculture为主要设计元素。被誉为时装界的“朋克之母”。维维安早在20世纪70年代就以叛逆的风格成名，Theorb（星球）是维维安·威斯特伍德所采用的标志，代表她是英国设计师。除此以外，Theorb更代表了传统，而星尘光环就代表将来，象征着新与旧的结合。创造与叛逆一直是她生活中心的所在。由于她的推动，朋克文化对高级时装形成了革命性的影响。由于她以彻底否定的粗暴方式给予法国传统高级时装以极大打击，同时也为英国时装在国际时装界争得了一席之地，因此，英女皇为她颁发了金质勋章。她始终是一名具有革命意义的服装设计师。多年以来被看作服装界的另类人士，拥有狂放的想象和大胆的创造力。她的那些式样已经汇入主流的设计理念中——不对称T恤，剪破、磨损的毛边布料，内衣外穿，短上衣下的紧身装，克里尼迷你裙，紧身长筒裙，束带式长裤，木屐式坡形高跟鞋……她影响了几代人，也影响了几代设计师。

第三节　20世纪有影响的流行时尚设计大师

珍妮·朗万

Jeanne Lanvin

1867–1946

巴黎高级时装设计师，生于法国。其浪漫而优雅的服装设计风格吸引了不少顾客，特别是以绘画为题材的“绘画女装”和从中世纪教学的彩色玻璃画获得灵感的“朗万蓝”十分有名。

加布里埃·香奈儿

Gabrielle Bonheur

1883-1971

法国先锋时装设计师，香奈儿（Chanel）品牌的创始人。她基于男装的模式和现代主义的出发点，崇尚简洁大方，她对高级定制女装的影响使她被时代周刊评为20世纪影响最大的100人之一。

克里斯汀·迪奥

Christian Dior

1905-1957

迪奥（Dior）品牌创始人，继承着法国高级女装的传统，始终保持高级华丽的设计路线，做工精细，迎合上流社会成熟女性的审美品味，象征着法国时装文化的最高精神。

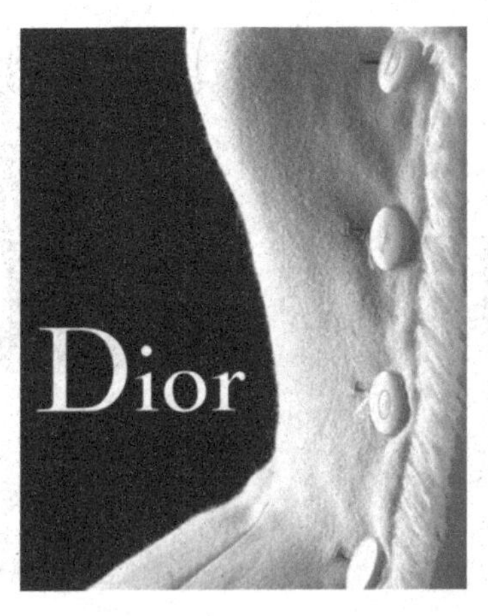

皮卡·卡丹

Pieere Cardin

1922-

巴黎高级时装设计师，生于意大利的威尼斯，前卫派设计师的领导者之一,三次荣获“金顶针奖”，创造了一个庞大的“卡丹帝国”。1992年12月2日，他被接纳为法兰西学院艺术院士。

于贝尔·德·纪梵希

Hubert de Givenchy

1927-

出生在法国诺曼底的一个艺术世家，1952年，首度在巴黎推出个人的作品发表会，以优雅著称于世，纪梵希创造的“赫本旋风”成为时装史上的一个经典。

森英惠

Hanae　Mori

1926-

巴黎高级时装设计师，生于日本。巴黎高级时装店协会这个象牙塔中第一位东方女性，1984年荣获法国政府颁发的“艺术文化骑士级勋章”。

华伦天奴·格拉瓦尼

Valentino Garavani

1932-

生于意大利，富丽华贵、美艳灼人是华伦天奴的特色，鲜艳的红色可以说是他的标准色，是豪华、奢侈的生活方式象征，极受追求十全十美的名流忠爱。

玛丽·匡特

Mary Quant

1934-

英国时装设计师玛丽·匡特开创了服装史上裙摆最短的时代，她是20世纪60年代伦敦时装狂飙运动的领袖，她的名言“Good taste is death，vulgarity is life”曾被视为离经叛道，却成为无数年轻人的时装信条。

乔治·阿玛尼

Giorgio Armani

1934-

出生于意大利北部，1991年他获得皇家艺术学院名誉博士称号。男装设计方面，他更是独领风骚，曾在14年内包揽了全球30多项服装大奖，其中闻名遐迩的“卡提·萨尔克”男设计师大奖更被他破纪录地连获6次。

伊夫·圣·洛朗

Yves Saint Laurent

1936-2008

巴黎高级时装设计师，生于阿尔及利亚。1971年春他推出沙漏形的20世纪40年代风格，掀起一阵回归潮，1974年秋他发表哥萨克风格，引起民族风格服装的流行。

三宅一生

Issey Miyaki

1938-

日本裔服装设计师，出生于日本广岛。在设计上，他致力于把东方的文化和观念与西方的经验结合起来，着意研究和服文化；尤其在面料研究上独树一帜，开发了极具个人风格的褶皱系列，在艺术和商业领域均取得了卓越成绩。

卡尔·拉格斐

Karl Lagerfeld

1938-

德国人，自20世纪60年代始便在巴黎时装界崭露头角，除个人品牌之外，同时担任Chanel、Fendi和Chole等品牌的设计师，奠定其在时尚界的地位，此外他还是一位导演、演员、摄影师。人称他为“时装界的凯撒大帝”或是“老佛爷”。

高田贤三

Kenzo

1939-

出生于日本东京。他充分利用东方民族服装平面构成和直线裁剪的组合，设计出像万花筒般变幻的色彩和图案，令人叫绝，被人称作“色彩魔术师”。

拉尔夫·劳伦

Lauren，Ralph

1939-

美国设计师，一直专注塑造融合西部拓荒、印地安文化、昔日好莱坞情怀的“美国风格”，被杂志媒体封为代表“美国经典”的设计师，赢得了美国时装设计师协会的生活时代成就奖。

维维安·威斯特伍德

Vivienne Westwood

1941-

英国服装设计师维维安·威斯特伍德无疑是时装界最不安分的老太太，被誉为时装界的“朋克之母”。

卡尔文·克莱因

Klein Calvin

1942-

美国著名时装设计师，设计哲学更趋向现代主义，专注于美学，倾向于强调一种纯粹简单、轻松优雅的精神，表现纯净、性感、优雅。

川久保玲

Rei Kawakubo

1942-

擅于使用低彩度的布料来构成特殊的服饰，其中有许多是单件同一色调的设计，特别是黑色，可说是川久保玲的代表颜色。川久保玲的设计独创一格，十分前卫，融合东西方的概念，被服装界誉为“另类设计师”。

山本耀司

Yohji Yamamoto

1943-

20世纪80年代闯入巴黎时装舞台的先锋派人物之一，与三宅一生、川久保玲一起把西方式的建筑风格设计与日本服饰传统结合起来，使服装不仅仅只是躯体的覆盖物，而成为着装者、身体与设计师精神三者交流的纽带。

詹尼·范思哲

Gianni Versace

1947-1997

受意大利古典文化的影响，使范思哲的设计充满文艺复兴时期的华丽和想象力，他被授予巴黎荣誉市民红色勋章，成为首个获此殊荣的设计师。

维拉·王

Vera Wang

1949-

著名华裔设计师，曾是花样滑冰运动员。她的婚纱设计简约、流畅，以现代、简单、尊贵的设计风格，打破繁复、华丽的传统，没有任何多余夸张的点缀，被誉为“婚纱女王”。

缪西亚·普拉达

Miiuccia Prada

1950-

出生于意大利米兰，是品牌创始人马里奥·普拉达的孙女，曾获得政治学博士学位，并一度活跃于政坛。20世纪70年代末，转向服饰设计，使这个品牌成为当今世界炙手可热的知名商标。设计有反叛性质，注重质料上的创新和跨界艺术上的追求。

克里斯汀·拉克鲁瓦

Christian Lacroix

1951-

出生于法国南部一个色彩缤纷的城镇，曾研修艺术史，并担任过博物馆馆长，有着十分深厚的艺术修养，法国、意大利和西班牙三种文化的洗礼，尤其是地中海的古老文明造就了他对美术、歌剧、音乐的浓厚兴趣，他的时装总是如此金光闪闪、华贵逼人，充满了法国古典宫廷艺术的精神。

安娜·苏

Anna Sui

1955-

华裔设计师，生于美国。设计理念是略带幽默、摇滚风格、反怀旧感觉；色彩的搭配出人意料，丰富、有奇异的和谐；基本的款式轻巧、简洁，但是，并不喜欢极简主义，作品注重细节，喜欢装饰。

维维安·谭

Vivienne Tam

1957-

华裔服装设计师，从中国文化中撷取灵感，在世界T型台上诠释了东方时尚的神韵，以服饰语言向世界描绘中华文化的多彩和博大，赢得了大批拥趸者。

杜嘉班纳

Dolce&Gabbana

1958-、1962-

杜梅尼克·杜嘉与斯蒂芬诺·嘉班纳都出生于意大利。生活在没有地理边界的当代大都会，从中汲取刺激、灵感，然后转化成富有设计内涵的时装系列，充满讽刺和反对随波逐流，格外受新新人类、潮流制定者和所有追求自由、酷炫而反叛时装的人极力追捧。

约翰·加利亚诺

John Galliano

1960-

出生于意大利，他的标新立异不仅体现在作品的不规则、多元素、极度视觉化等非主流特色上，更是独立于商业利益驱动的时装界外的一种艺术的回归，是少数几个首先将时装看作艺术，其次才是商业的设计师之一。

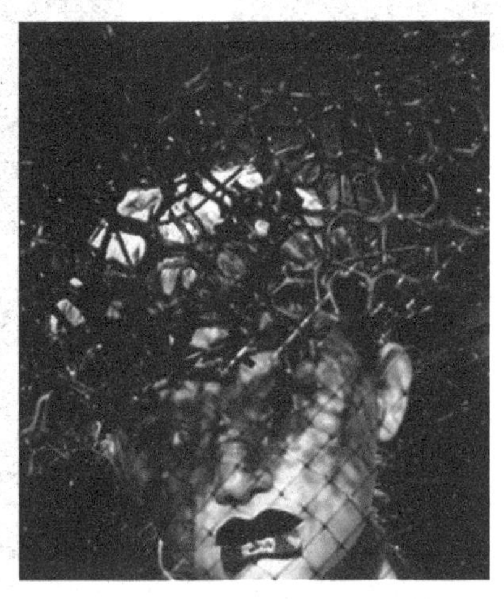

亚历山大·麦昆

Lee Alexander McQueen

1969-2010

英国服装设计师。麦昆是时尚圈不折不扣的鬼才，他的设计总是妖异出位，充满天马行空的创意，极具戏剧性，一生得到4次“英国年度最佳设计师”的荣誉。

艾里斯·范·荷本
Iris van Herpen
1984-

出生于荷兰，擅长从服装本身的材质来做设计，并辅以夸张的造型。2009年获荷兰设计界的最高奖项“荷兰设计大奖”。

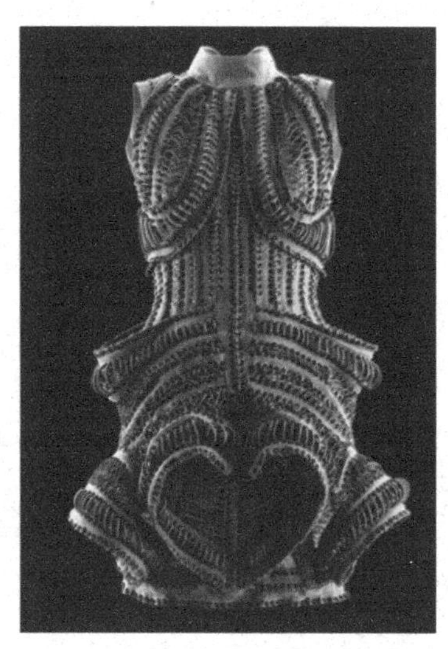

亚历山大·王
Alexander Wang
1984-

出生在旧金山的华裔，是目前纽约最红最年轻的华裔设计师，他的设计堪称叫好又叫座，不仅多次获得CFDA等颁发时装界大奖，时装销售也是节节攀升。纽约东区是他的灵感来源之一，从玩滑板、自由的生活方式以及傲然冷漠的态度上得到灵感，设计出自由、不羁的作品。

第四节　形象设计的原则

无论是做什么样的设计，都要有相应的规矩，这种规矩我们称之为原则。原则使一切行为变得有序，而无序则会导致混乱。在我们的日常生活中，经常会看到许多无序的现象，比如街道的混乱、建筑的错位、色彩的冲突等，这些都是由于缺乏规划、无原则的设计造成的后果。同样，对于形象设计来说，更加要求规范性，对于不同领域的形象设计应有不同的设计要求和原则，比如说，影视形象设计要求准确表达角色的性格特征；时尚广告形象设计要充分尊重产品的特点；个人形象设计则需要根据个人的身份与品味来美化形象等。下面就探讨一下形象设计的四个设计原则。

一、功能性——强调信息传播的原则

舞蹈、音乐、绘画的功能是让人赏心悦目，产生视觉美感，用创意的手法打动人们的心灵；建筑的功能不仅在于内部适合人们工作和生活的需求，外部也要讲究视觉导向。行人不看门牌就能区分学校、工厂、医院之间的差异？现代社会发展中对于功能原则的忽视、缺乏功能定位的现象，导致城市类同化、建筑千篇一律等现象。形象设计的功能是传递视觉信息，并以服饰、发型等作为表达方式，因此，准确地了解人物身份，以最快的速度理解通过人物形象所传递出来的各种信息，是设计师在设计时要解决的核心问题。

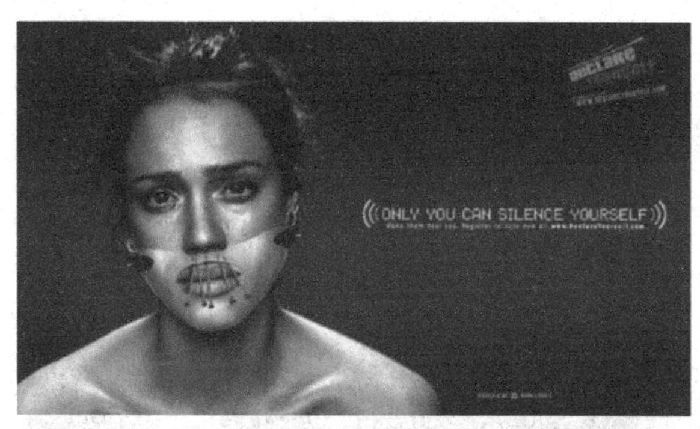

“Declare Yourself”是美国的一个无党派的非盈利性组织，它的目的旨在授予那些年满18周岁的美国公民“总统选举投票权”，鼓励年轻人为自己的利益投票。“Declare Yourself”邀来杰西卡·阿尔芭（Jessica Alba）拍广告，搭配标语“Only You Can Silence Yourself”，强调不投票即意味选择沉默。广告通过四个不同场合的同样痛苦的表情，表达人们投票的自由权利掌握在自己的手里，而放弃这种权利将意味着自我意志的“被绑架”。

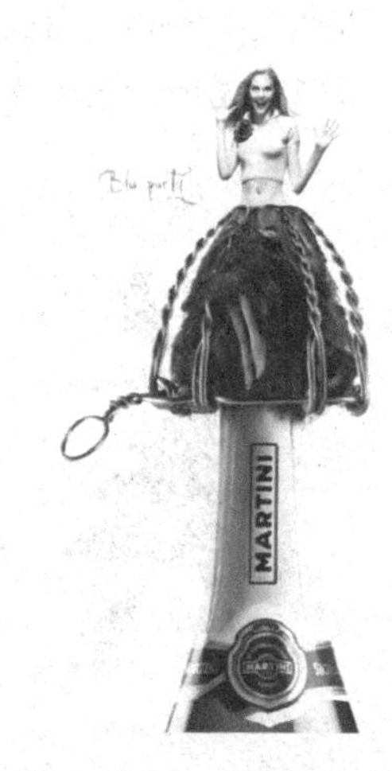

意大利品牌Martini Blu的广告继续主打美酒与美女牌，这个专为女人享用的美酒，广告形象活色生香，通过将美女与瓶盖结合，酒瓶的软木塞被穿着蓝色礼服的美女所取代，赋予四个不同的主题——Blu Rosé、Blu Hour、Blu Event和Blu Party，它们代表四种不同的情绪和内涵，广告画面犹如杂志大片般唯美大气。

将酒的包装设计与女性时装相联系的创意，从视觉上更加直白，设计者利用材料质感和色彩魅力吸引消费者，使酒瓶成为视觉的首要着落点，将酒瓶的形制进行改造，创作出宛如工艺品般赏心悦目的酒瓶包装设计，而产品的品质和特点则似乎被放在了第二位，这种广告形式对时尚爱好者，乃至酒瓶收藏爱好者来说尤其具有强烈的诱惑力。

二、文化性——强调设计个性的原则

“设计”与“艺术”是创新的代名词，模仿不是艺术，类同也不是艺术。缺乏创造、缺乏创新是没有文化的表现，文化是创新的源泉。强调文化是让我们知道自己姓什么？这个“姓”即是设计的“个性”。德国设计大师金特·凯泽谈到教学时曾说，他要求他辅导的中国学生要设计出中国自己的作品。因为他们在自己的文化背景下成长，在思考中国人自己的问题，就应设计出具有中国风格的作品。个性是设计与艺术的灵魂，是产生作品的关键。文化和个性的张扬，首先要求每个设计师注重向自己的传统学习，还要注重对生活的观察以及不断地向优秀先进的世界文化学习、向大师学习。

日式涮肉专家“Japengo餐厅”的广告，意在体现餐厅的文化性“不止是美食”。广告形象色彩斑斓，充分展示了饮食色彩文化特点，同时将书法汉字与人物进行交叠，通过时尚的人物与传统的文字体现东西方文化的融合之美。

意大利倍耐力（Pirelli）公司是全球第六大轮胎生产商，该公司从1964年起每年都会邀请全球顶级的摄影师制作一本投资巨大、品质完美的时尚挂历作为圣诞礼物赠送给客户。2008年挂历于4月在中国拍摄，主题为“东方之珠”，旨在通过东方文化的神秘色彩诠释出东方女性的完美、纯洁与优雅，其内容均取材于上海——旧法租界独具风味的小巷，前英国使馆华美的花园，弥散着神秘市井气息的旧时中国，人潮滚滚的南京路和独具特色的茶楼。Pirelli Calendar 2008制作团队40多年来首次到亚洲拍摄，倍耐力邀请了中国著名影星张曼玉以及中国本土超模杜鹃和莫万丹参与其中，除此之外澳大利亚超模凯瑟琳·麦克尼尔（Catherine Mcneil）等在世界时尚舞台上的知名人物也都参与了挂历的拍摄。由于在中国选景，11位中外名模所演绎的23张精致的美女人像，绘尽古代中国的盛世繁华，以华彩展现出东方女性完美、纯净、优雅的神秘之美。

三、审美性——强调美学效果的原则

设计是艺术，是审美，也是应用。产品、服装、建筑讲究实用性，作为形象设计不仅要讲究信息传递的功能，更要符合人们的审美需要，当然，这里讲到的设计审美内涵是比较丰富的，应具备时尚性、时代性和合理性，符合人物的身份、地位、时间和场合。只有搞清楚这些问题，才是符合人性的设计。

与其他产品不同，化妆品更加注重表现人物的面部及五官特征，这与产品的特性是分不开的，比如唇膏强调嘴部特征，睫毛膏则表现眼部特征等。还有许多女性专用商品，如内衣、护肤品、丝袜等，常选用身材姣好的女性人体直接展示使用产品后的效果和利益。广告制作者用现代电脑设计创造出现实中不存在的事物，或对原始图像进行加工处理，生产出一幅幅乌托邦似的完美图像，女性形象得到了理想化的再现。广告商远离现实中的消费群体，对女性特质进行极度夸张，以凸显女性的自然性一面，这种女性的美不是常人所能达到的，是一种超现实的美。

Integral Image Design
and
Practical Training

第二章 文化类主题整体形象设计与训练

Chapter 02

设计内容：

结合近期流行趋势选择广告类设计主题，选题可由教师提出；也可由学生提出方案后，经教师与学生讨论确定（一般情况下，统一为同一个主题展开设计，可根据学生人数分成若干个组）。

训练目的：

1.通过选题设计，注重引导学生对于本土及地域文化的关注，并结合当下的流行元素进行融合，为作品增加文化个性，提升作品的文化内涵。

2.掌握形象设计创作的基本——风格、色彩和设计的整合。

3.学习形象设计的一般方法与程序。

设计要求：

1.形象表现的视觉冲击力（时尚性）。

2.形象的功能语言（文化性）。

3.服饰的设计表达、发型与妆容的整合、形象色彩的统一（审美性）。

设计时间：

4周

设计效果：

1.举办作品观摩会。

2.参加专业赛事。

3.与企业联动。

设计案例：资生堂化妆品广告系列形象

源自日本的著名企业“资生堂”，其名取自于中文，在中国古代意为“赞美大地的美德，她哺育了新的生命，创造了新的价值。”这一名称也是资生堂公司形象的反映，它是将东方的美学及意识与西方的技术及商业实践相结合的先锋，它将先进技术与传统理念相结合，用西方文化诠释含蓄的东方文化。

1923年，资生堂开展连锁经营模式，加强做全国性的宣传，形象亦同时变得更加鲜明。20世纪30年代起，日本著名装帧与插图设计师、以“黑白作家”自居的日本“新艺术派”代表艺术家山名文夫成为了资生堂的首席广告设计师，他擅长以流利的钢笔线条画出女性的美感。20世纪30年代中期，资生堂开始渐渐摆脱西方思想的约束，开始创造具有鲜明东方风格的广告形象。从这种由东西方元素合璧、引人注目的新女性形象中，我们发现，她不仅是一个理想化的、时尚前沿的女性，而且深知自己的潜力，这种广告形象凸显了女性自身感性之美的魅力。1957年资生堂开始开发国外市场，首先是1965年推出的Zen香水，而1978年推出的Moisture Mist化妆品系列，包装构思取材自日本红漆器。

20世纪60年代，由于相机和胶片技术的发展，使得摄影成为广告创作的主要工具。从1961年开始，资生堂以季节性促销活动的方式展示最新的化妆和时尚讯息，其大胆和具有创造力的商业摄影风格，今天仍对日本广告业继续产生着影响。20世纪60年代中期，资生堂继续延续日本新女性形象，并以倡导突破传统的白色皮肤为美德，提出健康阳光的肤色。

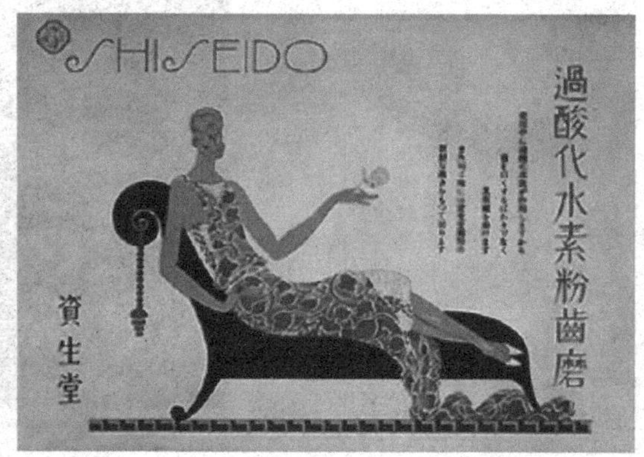

广告形象表现了充满自信的、自由的和独立的女性特征，女性不再只追求“漂亮的面孔”，而应该追求“新女性”的生活方式。20世纪70年代，资生堂的广告创意进一步创新。当时，大多数日本化妆品公司使用当时流行的西方化的“欧亚模型”的广告形象，然而，资生堂决定采用山口小夜子的形似传统的日本娃娃的模样，以张扬日本传统文化，提振日本女性的自尊。

1980年，法国形象设计大师Serge Lutens应邀为资生堂的国际业务发展设计商业品牌广告形象。由Serge Lutens创造的资生堂广告中的女性形象，都似真还假、既虚无又实在，恰当地结合了东方及西方的美的特征，这也正是资生堂广告形象中所塑造的女性形象的特质。Lutens的广告形象设计超出了简单的广告所能达到的商业目的，而将日本文化的精髓与西方审美有机地融合在一起，在东西方国家受到了普遍的关注。与Lutens的合作为资生堂成为国际化妆品和香水行业的知名品牌奠定了里程碑，其独特的风格和杰出的想象力和创造力，造就了Lutens的自我艺术风格，也成就了资生堂的国际品牌地位，Sorge Lutens对资生堂品牌的影响可谓意义深远。

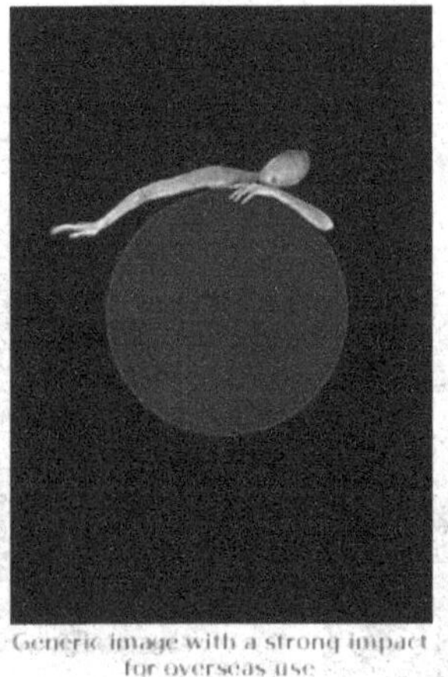
Generic image with a strong impact for overseas use

SHISEIDO

SHISEIDO

Collection by Serge Lutens

21世纪，资生堂的广告形象产生了巨大的改变，可谓顺应了时代的潮流，然而，我们不难发现，那种奢华又略带伤感之美，精致名贵而又低调宁静的情调之美却仿佛再也找不回来了，我们暂且不去评论资生堂现代广告形象的优劣好坏，但是，仿佛对早期的那种美丽的眷恋之情依然存在，而却挥之不去。

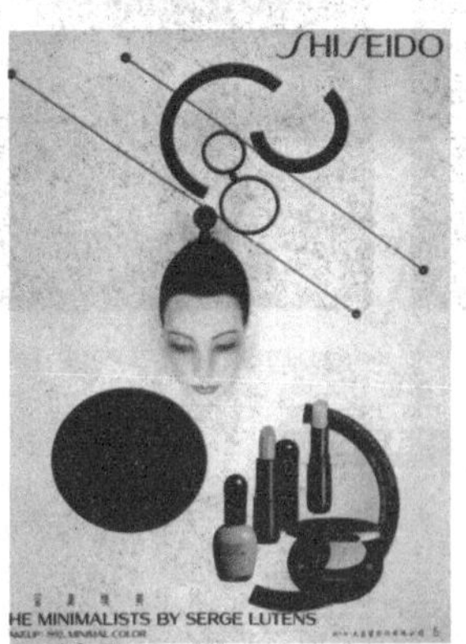

设计实践："Hello@中国"时尚造型设计

这是形象设计工作室开设的一门关于整体形象设计的专业课程。这个课程经过精心设计，在课程目标、主题、结构以及授课方式等方面都具有一定的探索性和实践精神。

这是一段让学生们能够面对多元文化去探索和制造"美"的历程。

在这个课程中，我们并不奢望能够获得一个所谓正确的或唯一的答案，而更期望大家在探索"美"的过程中真正认识到"美"的多元性，及其与人类情感之间的密切关联，并能从这些错综复杂的关系中找到设计的切入点，能够创造出有意思、有品质的设计作品，从而体现设计师的价值。

整个课程经历了从设计、采样、制作、拍摄、整理等一系列漫长而繁杂的过程，犹如一次真正的商业大战，同学们既是设计师，又是观众，在作品完成的一刹那，这种情感显得尤为突出。

作为一名商业设计师，心要有所想，身要有所行，将梦想变为现实的过程是设计的最高境界。"Hello@中国"整体造型设计课程就像一个舞台，它带给学生们的不仅仅是一场"秀"，而是展示了她（他）们的梦想、情感，同时也表达了她（他）们对人生的品味。

一、设计思考

思考中国元素与中国式时髦

1.中国元素有哪些？请举例说明。

答：太极、鞭炮、舞狮、棋子与棋盘、麻将；书法、印章、甲骨文、汉代竹简、宣纸、水墨；中国结、脸谱、皮影、桃花扇、剪纸、风筝、旗袍、肚兜、斗笠、皇冠、凤冠、刺绣、蜡染、簪花、五针松、毛竹、牡丹、梅花、莲花、熊猫、鲤鱼等。

2.中国式时髦的特点是什么？

答：色彩鲜艳、款式优雅，体现东方神韵；不张扬，比较内敛；注重细节的表现，精致唯美。

3.如何在现代审美文化中体现不一样的东方美的时尚特点？

答：解构传统的形式和结构，用简约的风格表现现代美。色彩上尽量使用较少的色彩，这样更加符合现代审美的要求。

4. 你认为什么颜色最能够代表中国？为什么？

答：红色、金色；中国红是一种吉祥的色彩，中国传统节日中用这种颜色表达喜庆的节日气氛，同时，也起到辟邪的作用；金色是皇帝喜用的色彩，代表富贵华丽。

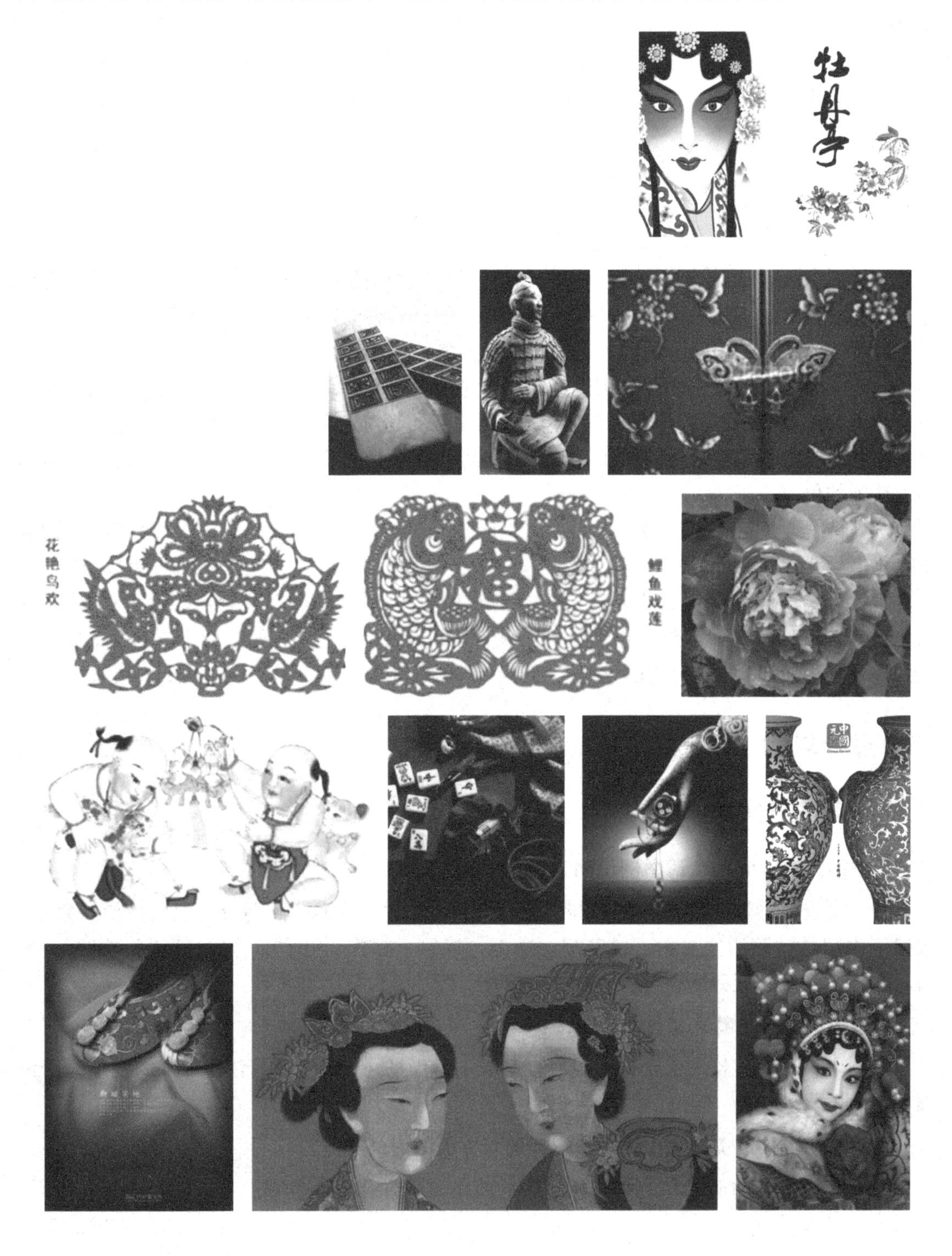

二、设计范例

（一）红系列

（二）白系列

（三）黑系列

三、材料与工具

四、手工制作服饰

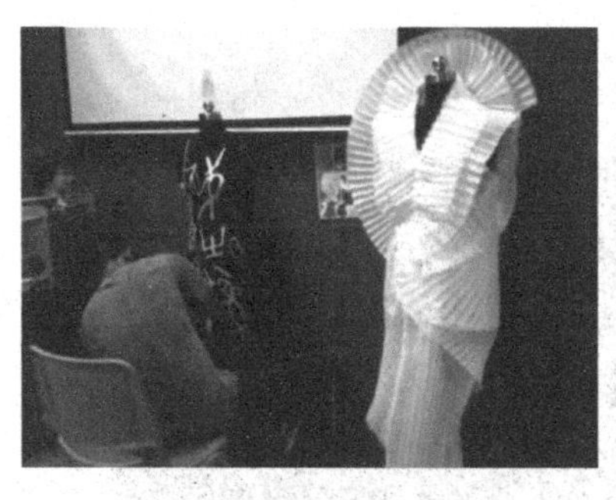
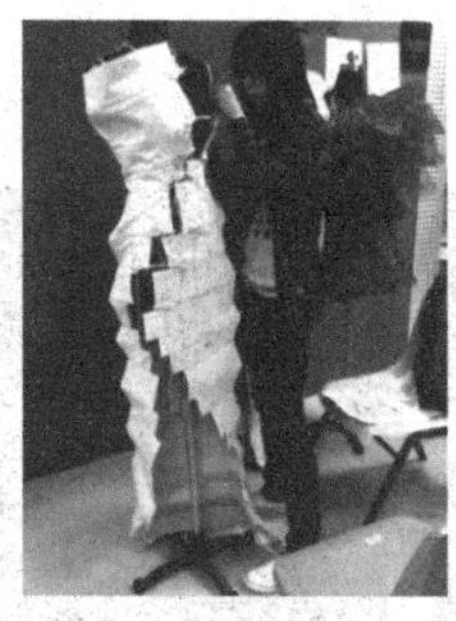

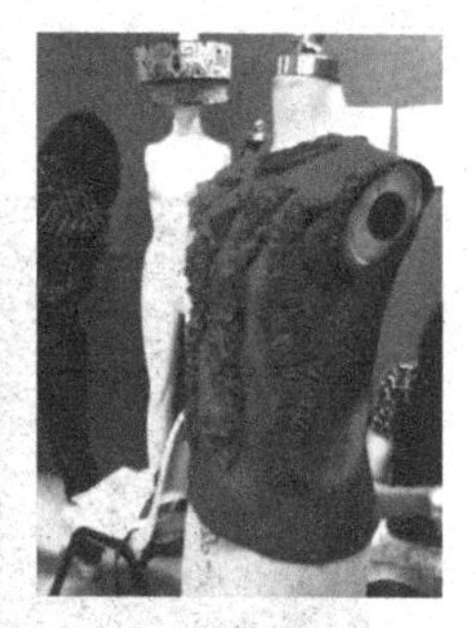

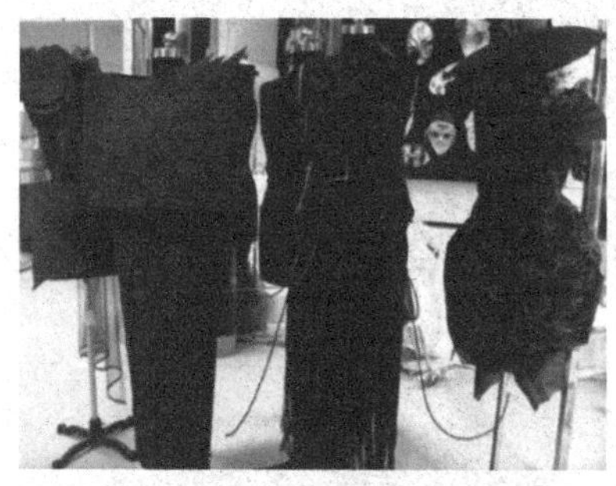

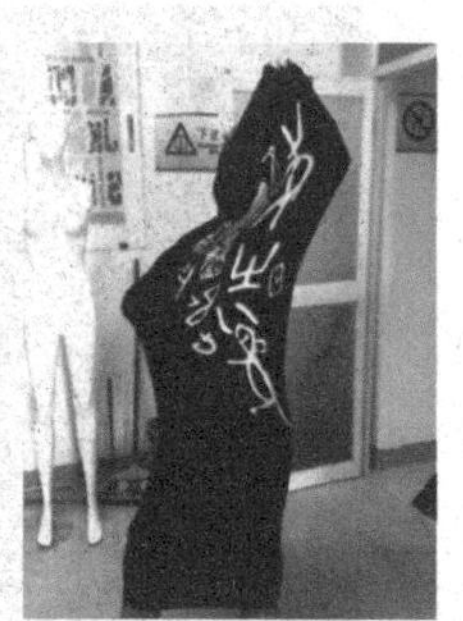

五、设计作品展示

（一）红系列

（二）白系列

（三）黑系列

Integral Image Design and Practical Training

第三章 广告类主题整体形象设计与训练

Chapter 03

设计内容：

结合近期流行趋势选择广告类设计主题，选题可由教师提出，也可由学生提出方案后，经教师与学生讨论确定（一般情况下，统一为同一个主题展开设计，可根据学生人数分成若干个组）。

训练目的：

1.通过选题设计，注重引导学生对于广告形象设计的关注，并结合当下的流行元素进行融合，提升商品的内在价值，达到预期商业效果。

2.掌握形象设计创作的基本——产品、造型和设计的整合。

3.学习形象设计的一般方法与程序。

设计要求：

1.形象表现的视觉冲击力（时尚性）。

2.形象的功能语言（广告性）。

3.服饰的设计表达、发型与妆容的整合、形象色彩的统一（审美性）。

设计时间：

4周

设计效果：

1.举办作品观摩会。

2.参加专业赛事。

3.与企业联运。

设计案例：贝纳通招贴形象设计

贝纳通（Benetton），发源于意大利的服装品牌，20世纪60年代，贝纳通诞生于意大利北部的一个家庭作坊式的公司，妹妹负责纺织，哥哥负责推销。10年后，贝纳通由4间零售店发展为系列国际特许经营连锁店，并以统一的贝纳通标志为基础开展整合营销。到了20世纪80年代，贝纳通以为股东们创造红利为目标，其业绩名列全欧洲第二。有人认为，贝纳通名声大振、广受瞩目是因为他的宣传海报在多个国家被禁止张贴，从而引起大众关注。不管是否如此，贝纳通的确已建立起迎合青少年口味的一种消费文化及拥有一群忠诚顾客。到了20世纪90年代，贝纳通在全球80多个国家拥有6000多间零售店。

贝纳通之所以成为如今最为耀眼的国际品牌，除了其特有的设计风格和销售网络之外，最为重要的是其独树一帜的广告运动。谈到贝纳通名声大振、广受瞩目的广告宣传海报还要从一位摄影师谈起。1942年，奥里维埃洛·托斯卡尼（Oliviero Toscani）在意大利出生，1982年，原本默默无闻的托斯卡尼加入了贝纳通公司。起先，他为贝纳通设计的广告并无特别之处，大体仍遵循着一般服饰广告的基本诉求要点。托斯卡尼加入贝纳通3年后，打破了以往的一般操作模式，开始以“UNITED CORLORS OF BENETTON”（贝纳通的色彩联合国）这样一个主题亮相，强调“多姿多彩地运用颜色”。托斯卡尼采用了许多不同国籍、不同肤色的青年男女及儿童，穿着类似各国传统服装（但实际是由贝纳通出品的服装），表达贝纳通无种族差别、无国界的品牌价值观。还在广告中涉及到很多敏感的社会话题，像种族、艾滋病、宗教、环境污染、难民、童工、街头暴力等话题。在冷战时代，这种在画面上营造种族和谐的广告得到了广泛的赞美。可以说，贝纳通的广告运动，形成了一套与众不同的广告策略理念和模式，而这种理念与模式又形成异于常规的贝纳通品牌内涵，使贝纳通闪烁着个性的光芒，成为广告缔造的品牌神话之一。

设计实践 ：“形象，以广告的名义”商业广告造型设计

形象，以广告的名义——是深圳职业技术学院人物形象工作室与摄影工作室共同开设的一个跨专业课程。这个课程经过课前精心设计，在课程目标、主题和结构等方面，以及授课方式上都具有一定的探索性与实验精神。

这是一个试图探讨艺术与设计多元化问题的课题，也是一段让学生能够面对庞杂的社会去探索和发现“美”的历程。在这个课程中我们并不奢望能够获得一个所谓正确的或唯一的答案，而更期望大家在探索“美”的过程忠真正认识到“美”的多元性和“美”与人、人生经历、地域文化、社会阶层、情感世界等因素的密切关联，并能够从这些错综复杂的关系中找到关联的焦点、找到设计的切入点，创造高品质的设计，从而充分体现出设计师的价值。整个课程经历了一个由设计师对于品牌、产品的深入调研、比较、鉴别、判断、确定的漫长过程，他们俨然在自导自演一部影视剧，有煽情的故事情节、生动的演绎团队、艰辛的拍摄经历、低迷与困顿的思考与调整，从始至终他们既是参与者，也是旁观者，还是裁判者。

当课程开始时，设计者通过选择的方式获得一个品牌名称，并对该品牌进行深入调研，了解并整理品牌故事，每个品牌在其演进的过程中所产生的商业广告及特点便通过这一阶段的学习被设计者所认知；随后的调研继续深入到某一个行业，并对行业相关产品的商业广告进行对比、认知及判断，使设计者从中发现和鉴别广告的创意与制作的匠心所在，并尝试将自己想象为该品牌广告的设计者，从而进入虚拟创作的阶段，并记录创意的内容和过程，这个融合的过程对整个课题的深入与拓展是至关重要的，正是这种融合、想象成为了设计原创性的发掘点，才是设计的核心所在。

在这个舞台上每个人都可以扮演自己的故事中的角色，都在与人互动的关系中实现着自我的价值。

作品一 Red Earth广告创意设计及应用

创意说明：

据调研，澳大利亚化妆品品牌Red Earth并没有创造一个以“红土”这一概念为主题的平面广告作品，“崇尚自然、返璞归真”是“Red Earth”品牌创意理念，其概念源自澳大利亚土著文化中对红土的热爱。如何创新广告形象，推出具有品牌原创基因的广告视觉形象呢?

以其品牌名称“红土”为设计灵感，结合澳大利亚土著形象特征，表现“崇尚自然、返璞归真”的设计理念。具体来说，画面以人物为主，一半是澳大利亚土著人的妆容（以彩绘形式表现)，另一半是具有现代感的妆容（以日妆形式表现)，而两个妆容和发型要恰如其分的结合，背景也要梦幻般的融合在一起。

造型特点：

广告设计特点是，同一模特，两个造型。通过土著造型与现代妆容的强烈对比，表达了女性对美的追求从古至今都未曾改变的寓意。

背景特点：

背景使用了品牌独有的红色，既符合了品牌一贯的设计风格，又能将人物造型的效果烘托出来，具有强烈的视觉冲击力。

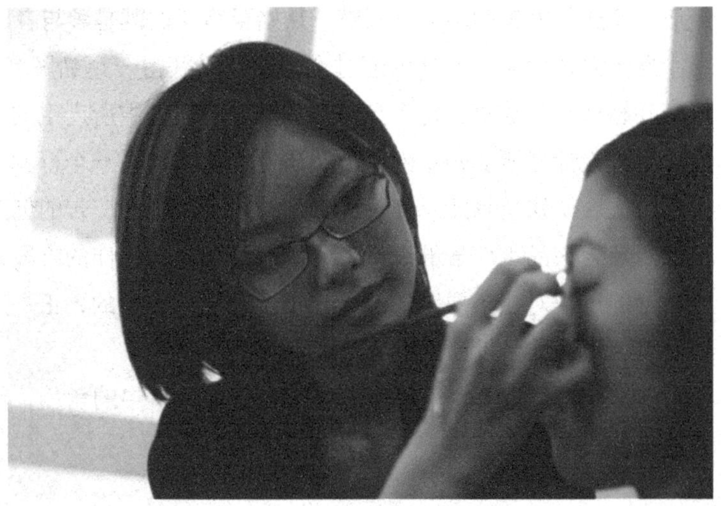

（创意、造型、摄影、后期：胡梦婷　模特：江雪瑜）

RED
美，从古至今不变. . .
EARTH

red earth
RED
EARTH

作品二　Chanel广告创意设计及应用

创意说明：

Chanel香水一直都是使用方形的瓶身，但是Chanel Chance这瓶香水却打破了传统，以崭新的浑圆形象成为Chanel香水新经典。以往Chanel香水的香味给人的感觉都是高贵而成熟，但Chanel Chance却以清新花香为主调，散发甜美气息之余，也带有热情及活泼的感觉。为了表现出Chance的改变和青春活泼的风格，这次广告的设计强调打破、清新这两个概念，通过对一件成熟礼服的破坏打造出一个活泼、青春洋溢、与众不同的少女情怀的新形象。

造型特点：

服装以不规则裙摆的短裙来表现年轻女孩的活泼，服装的颜色并没有选择晚礼服惯有的暗色调，而是选用较亮的浅灰色。双层珍珠链是Chanel服饰经典特色，凸显品牌元素。模特的妆容为清淡的裸妆效果，发型以披肩的微卷长发来表现出年轻女孩的随意和自然美。

背景特点：

以Chance香水为背景，特别选用瓶内香水有波纹的图片为背景，突出此香水活泼、朝气。动感的背景和模特活泼自然的动作，加上整个画面色彩的明亮感，均体现出产品的特点。

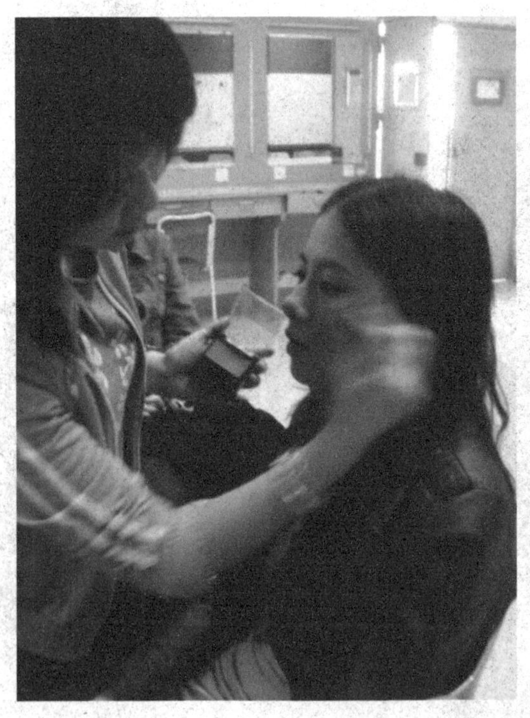

（创意、造型：杨堰、张君莉　模特：谢晓琴）

CHANCE
CHANEL
CHANCE
CHANEL
CHANEL
CHANEL

CHANEL
CHANEL

作品三　植村秀广告创意设计及应用

创意说明：

植村秀彩妆广告特点是简洁、柔美，风格多以欧美形象为主。作为一个源自日本的彩妆品牌，自身的彩妆广告并没有体现出日本本土的风格，不失为一件憾事。故本次广告创意欲将日本传统的文化融入到产品广告设计之中，但不需要完全颠覆其广告一贯的特点，延续其简洁和柔美的风格，充分体现出植村秀品牌的文化基因与理念。

造型特点：

在广告形象中表现日本艺妓的造型元素，包括发型和服装，但并不需要夸张的发型和鲜艳的色彩，将和服色彩和发型简洁化。和服的颜色为纯白色，搭配天蓝色花样布料制成的腰封，这样会让广告画面更显淡雅。妆容则会以强调腮红为主，打破传统艺妓的惨白妆容，但也不浓烈，从下眼线开始到鼻尖位置，用晒伤妆的方式扫上腮红，让腮红在中庭部分形成一个长方形，颜色从橙色慢慢渐变到肉桂色，让妆容显得更加时尚。腮红颜色用量稍重一些，突出“焦点”，并且这样能够突出所要推出的腮红产品。妆容中腮红主要以橙色为主，利用服装天蓝色的腰封与腮红的颜色形成对比，能够制造出非常新鲜的色彩，且不会太过强烈，仍能够保持画面自然的感觉。

背景特点：

摄影背景颜色采用接近白色，顾及到计算机后期制作中会使用有颜色与花纹（日本传统花布纹）的烟雾效果，所以背景色越干净越好，这样最后出来的效果就会保持画面的清新、淡雅、自然的感觉。摄影时选用了一些比较特别的角度，多采用抓拍的方式，让人物表情显得更加自然、优美。而计算机后期制作中采用的有颜色与花纹（日本传统花布纹）的烟雾效果，是为了突出推广产品的主题——“幻雾”。

（创意、造型、摄影、后期：李佳玲　　模特：陈　畅　　特别鸣谢：代　婧）

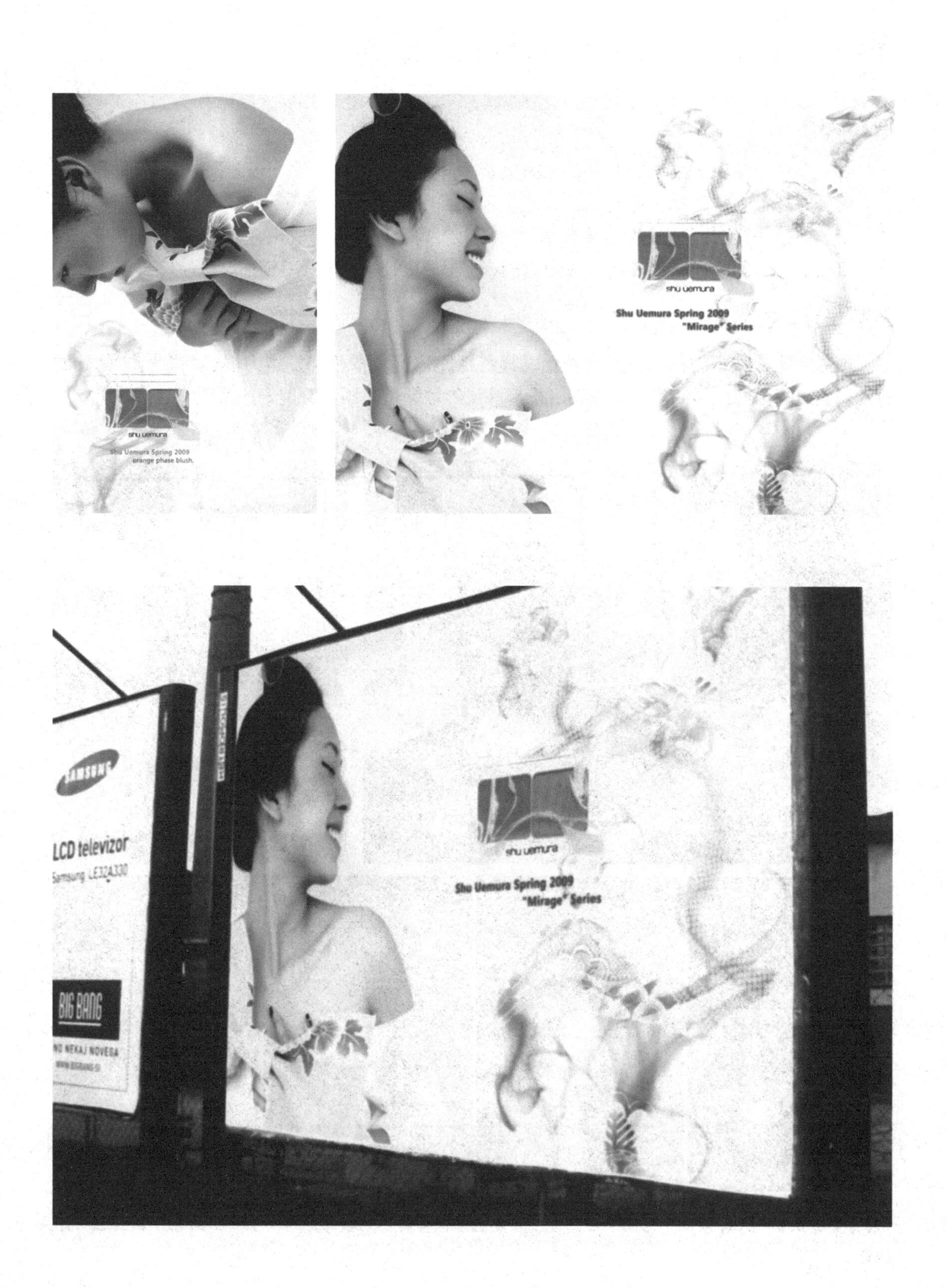
shu uemura
Shu Uemura Spring 2009
orange phase blush.
shu uemura
Shu Uemura Spring 2009
"Mirage" Series
SAMSUNG
LCD televizor
Samsung LE32A330
BIG BANG
shu uemura
Shu Uemura Spring 2009
"Mirage" Series

作品四　Chanel春夏香水广告创意设计及应用

创意说明：

以一个对生活充满困惑的女人，再捕捉着瞬间消失的美丽，整一张画面分为三部分。

第一部分　表情失落、郁闷。

第二部分　紧张而又激情地寻找。

第三部分　露出欣喜的表情，因为她拥有了CHANEL CHANCE香水。

造型与背景特点：

拍摄胸像，特写表情。背景为灰色，模特裸露肩部，裸妆，发型为很长的赋有立体感的卷发，整组画面的色彩淡化，重点突出香水淡淡的嫩绿色，预示着美好的希望。

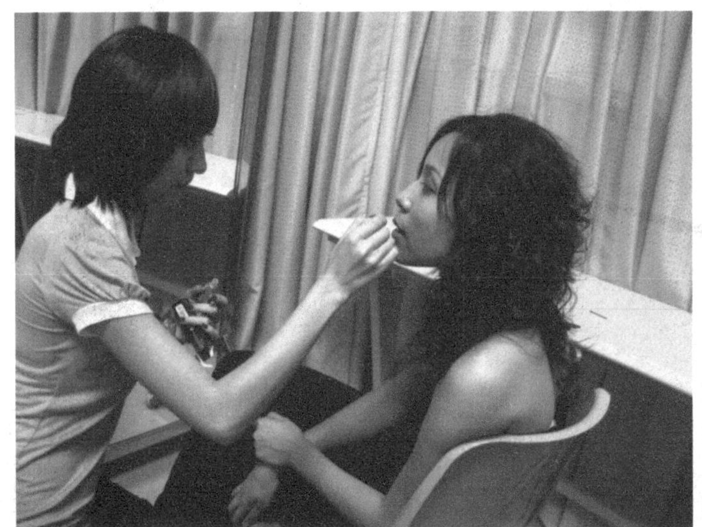

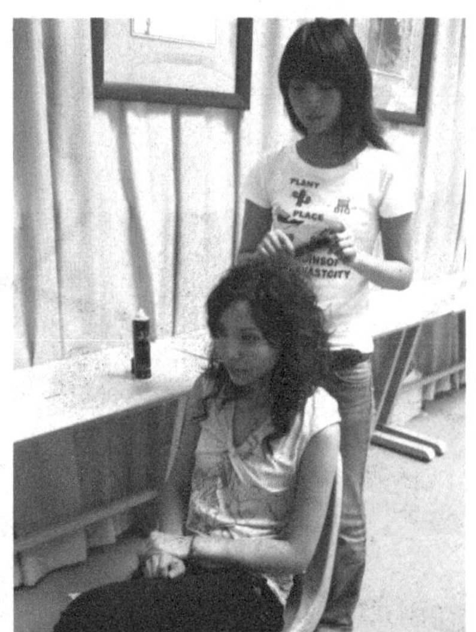

（创意：白立言　许铃铃　　化妆：白立言　　发型：许铃铃　　摄影：老　王　　后期：白立言　许铃铃）

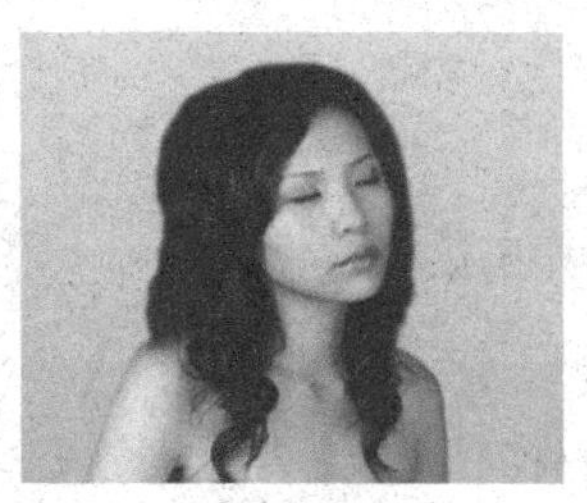

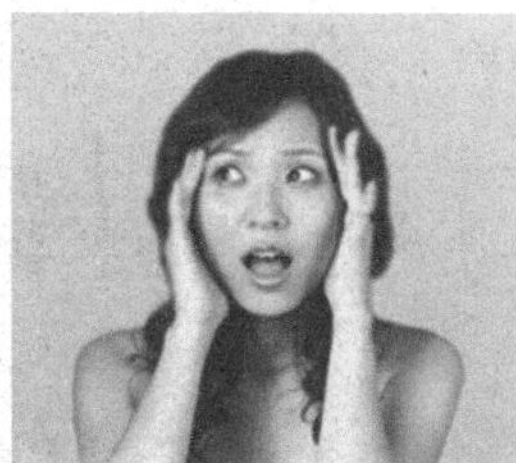

Comely+Hug+Action+Neck+Close+Engagement=

CHANEL

Integral Image Design and Practical Training

第四章　时尚类主题整体形象设计与训练

Chapter 04

设计内容：

结合近期流行趋势选择时尚类设计主题，选题可由教师提出；也可由学生提出方案后，经教师与学生讨论确定（一般情况下，统一为同一个主题展开设计，可根据学生人数分成若干个组）。

训练目的：

1.通过选题设计，注重引导学生对于时尚概念形象设计的关注，并结合当下的流行元素进行融合，赋予作品以思想观念，提升作品的艺术价值。

2.掌握形象设计创作的基本——观念、元素和设计的整合。

3.学习形象设计的一般方法与程序。

设计要求：

1.形象表现的视觉冲击力（时尚性）。

2.形象的功能语言（观念性）。

3.服饰的设计表达、发型与妆容的整合、形象色彩的统一（审美性）。

设计时间：

4周

设计效果：

1.举办作品观摩会。

2.参加专业赛事。

3.与企业联动。

设计案例：亚历山大·麦昆的时尚设计

“你必须找到打破陈规的方法，这也是我被赋予的责任——冲破条规却又保留着传统当中最美的部分。”亚历山大·麦昆从19世纪60年代至90年代、20世纪50年代时装的夸张轮廓中汲取创作灵感，以自然主义和浪漫主义的情怀作为渲染，作品始终充溢着他独特的个

性设计与创新的张力，他擅于“破坏”，然后在破坏中“回收”最美丽的片段，以自己的天马行空为调料，然后创作出了一件件令我们叹为观止的戏剧性服装，就像一位叛逆的孩子，他勇于打破陈规，但也一直怀抱着一颗纯真的心找寻属于自己的天地。

设计实践："物尽其用"（Best Use）时尚造型设计

一、设计选题及说明

主题：

物尽其用

主题说明：

物尽其用——是一种朴实的生活态度，
反映了人们对物质的珍爱，对生活的敬重；
承载了人与人之间亲密的痕迹与温暖……
物尽其用——是对于逝去事物的致敬，
更是一种默默地收集与保存情感的爱的哲学。

关键词：

古朴的、自然的、废弃的——设计对象
解构与重组——设计方式
简朴、素静、禅意、善待旧物——表达情感

设计思维：

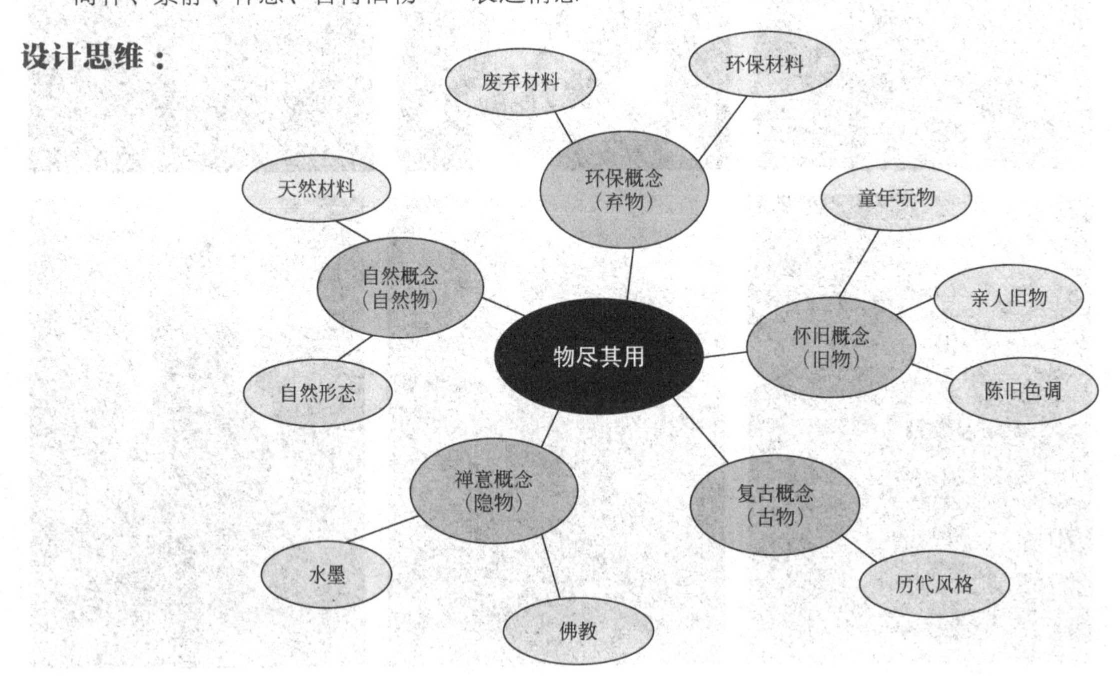

二、分选题与导入

1.由教师提供整体形象的设计主题（选题）——“物尽其用”，其中包括以下五个系列。

①“物尽其用”整体造型设计之“环保概念”系列。

②“物尽其用”整体造型设计之“自然概念”系列。

③“物尽其用”整体造型设计之“怀旧概念”系列。

④“物尽其用”整体造型设计之“复古概念”系列。

⑤“物尽其用”整体造型设计之“禅意概念”系列。

根据以上主题和分类进行选题说明，包括主题词分解、选题意义的阐述、设计表现风格、材质运用技巧、色彩分组等。

2.根据相关资料，结合自我观点，提出与设计主题相关的问题，并进行互动讨论。

3.由学生提出各种不同的创意预案（口头），由教师进行点评与分析。

4.根据选题系列分成三个大组，学生分别根据自己的兴趣进行选择。

5.素材导读环节。

由教师推介相关资讯和视频网站，进行现场播放，并进行观后问答环节。

视频网站推介：（略）

问题：

① 五大概念的本质区别在哪里？分别与哪些元素有关？它们的特点是什么？请举例说明。

② 如何把握五大概念与当代时尚审美之间的关系？如何运用？要领有哪些？

形式：PPT 演示与讲解；互动与讨论，并进行现场记录。

图例：

1.环保概念

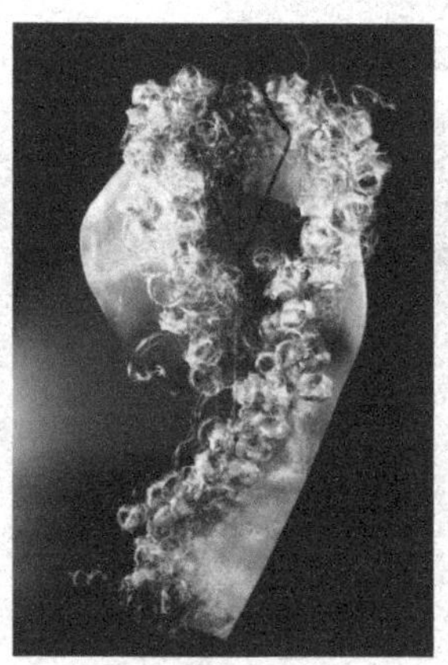

2.自然概念

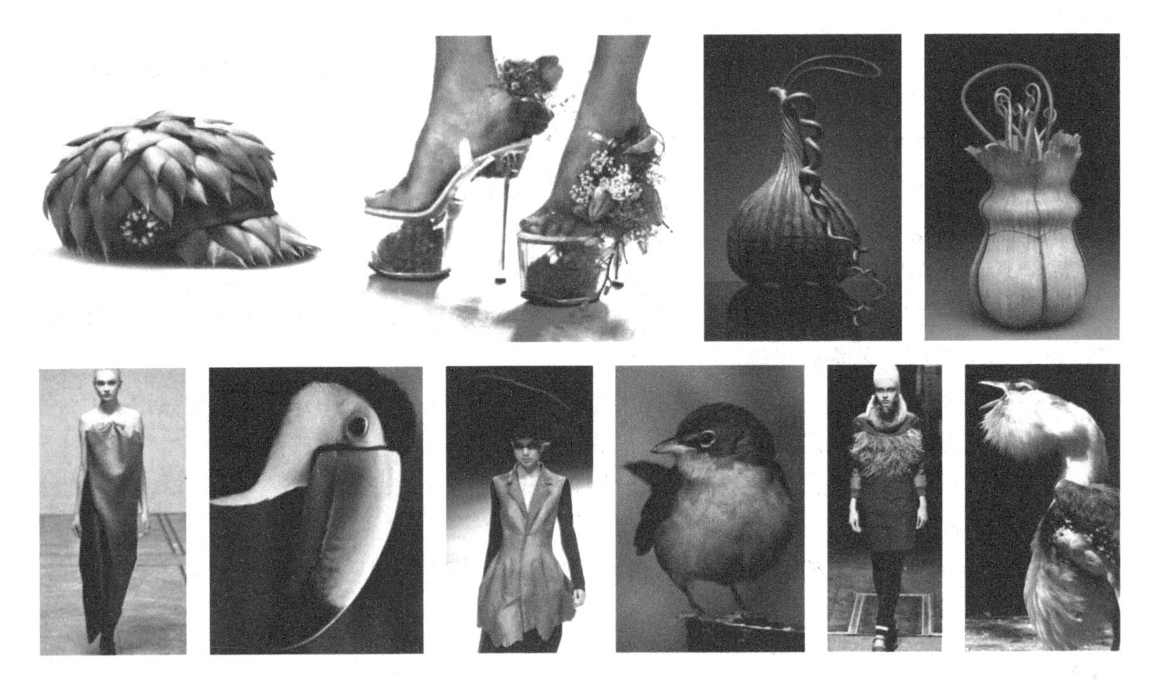

3.怀旧概念

4.复古概念

5.禅意概念

三、市场调研和资料收集

根据所选择的主题进行市场及网络调研，并大量收集相关的资料（文字和图片），并制作设计方案。要求学生根据各自选题制作《设计手稿簿》（剪贴、手绘结合）。

形式：课外独立完成《设计手稿簿》。

四、设计方案制作

1.制作要求

根据选题及要求进行整体形象设计的创意与构思，包括主题，即作品名字、创意说明、素材来源、设计图、材料特点、模特类型、妆容效果、发型效果、服装效果、整体效果、环境及光线效果等，并以《设计手稿簿》形式完成。

2.方案说明与修改

要求：独立讲解“设计方案”，由教师和学生共同参与讨论并现场提出修改意见。

形式：互动讨论、讲解分析。

五、材料采购

根据自己的设计方案进行材料的准备。

形式：市场采购。

地点：各服装材料、五金材料批发市场、网上订购。

六、整体造型制作

1.制作服装、服饰

要求学生完成90%手工制作，并拍摄、记录制作过程。

2.制作装饰品等

形式：外出选材、制作等，教师一对一指导。

七、设计作品展示

（一）“环保概念”系列作品

金属时代　　设计：梁泽成

（作品获2012中国影视与时尚化妆大赛“梦幻组”优秀奖）

工业时代的文明带给人们的不仅是力量与速度，还有那些繁复的细节和材质的美感。将一个废弃的旅行箱进行拆卸、组装，皮的质感与金属的结构异常协调，加上废弃的易拉罐，再现工业文明的余辉。

材料：旅行箱、易拉罐、铆钉、链条等

重　生　　设计：文斯焕

（作品入选“深圳第七届创意文化节——纸有艺术”展览）

世界正在面临资源匮乏，但是浪费现象仍然在频繁地发生着……

材料：纸杯、食品及饮料包装袋等

Plastic系列　设计：吴欣芷

（作品获2012首届中国高等院校设计艺术大赛“服装与产品组”一等奖）

以废弃的吸管、塑料瓶、保鲜膜等作为基本素材，通过将这些不能降解、分类回收的物品分离、组合，重新设计与改造，同时，充分利用材料本身单纯的色彩、形态、可塑性等基本元素，创作出的富有创意形态和时尚气息的人物造型作品，既表达了作者对“物尽其用”“循环利用”环保概念的理解，也充分展示了材料的形式美。

材料：吸管、塑料瓶盖、保鲜膜

线·艺　　设计：郭楚华

线是一种可塑性何强的造型材料，重复、缠绕、纠结、盘扎，多种方式形成全然不同的效果。

材料：棉线

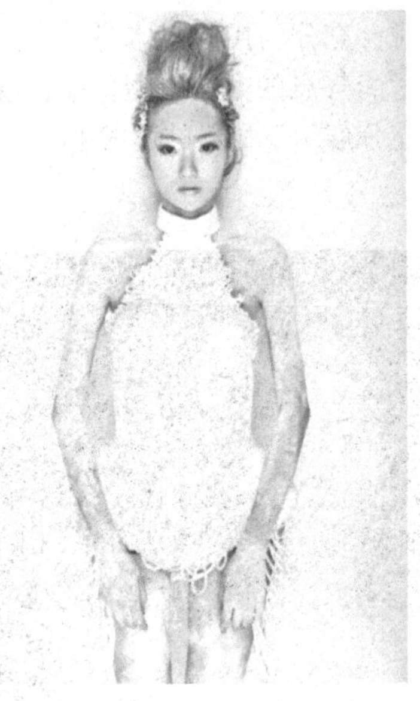

叠　　设计：邱宝儿

（作品获首届深圳形象设计大赛铜奖）

一件纸艺作品出发灵感，人体本是载体，为何不能大胆尝试。打破人体局限，用一种完全不同的方式造型。

材料：黏合衬

Magic Gems　设计：文诗婷

小时候对美丽事物的喜爱，七彩斑斓的颜色，载满童年的回忆。作品表达一种朴实的生活态度，反映人们对物质的珍爱，对生活的敬重，以及人与人之间亲密的痕迹与温暖。

材料：弹力布、塑料

裂·变　设计：陈惠卿

（作品获2011全国高职大学生设计大赛"时尚设计组"铜奖）

有一种美是瞬间，留住瞬间，表现瞬间的美感是作品创作的初衷，运用立体构造、块状造型表达裂变的张力，与人体形成强烈对比，也许这就是视觉所要追求的快感。

材料：泡沫、塑料布、荧光布

（二）“自然概念”系列

蕊　　设计：陈淑玲

柔软的面料在手工构成的过程中，连接、开合，随着人体的结构发散、收缩，像花蕊一样绽放。

花香　　设计：邢艳芬

透明的网纱伴随着棉，层层叠叠，宛若清新的花香般若隐若现，浓而不腻，飘逸轻盈。手工堆绣与叠加的花朵与花瓣相互映衬，丰富而非杂陈。

缩放　　　设计：余露

盛开的花朵与飞舞的蝴蝶一起狂欢，奏响一曲缩放的乐章。

花簇　　　设计：陈梦楠

运用五彩皱纹纸制作的盛放的花朵，将裙摆装饰得丰满而俏丽，质感丰富的材质使整体造型轻松时尚，个性与现代感尽显。

叠　　　　　　　设计：文诗婷

运用剪纸工艺创作的花朵层层叠叠，丰富而富有变化，虽然运用了纯净的白色，镂空的裙摆使得整体造型女性味十足、时尚感非常强烈。

发之裳　　　　设计：李红

运用头发发片为造型元素，大胆而极富后现代感，配以浓郁、另类的妆容，使得整体造型穿越时代，并突破现代传统材料的局限。

（三）“复古概念”系列作品

暮色巴黎　　设计：江兴娜

（作品获2012中国影视与时尚化妆大赛“婚纱造型组”银奖）

耸立的埃菲尔铁塔，突翘的群撑与耸肩，在头饰和裙装中内置LED灯装置，描绘出一幅云雾缭绕的巴黎黄昏景象，作品运用立体构成与西式服装造型相结合，在形象地表现巴黎浪漫气息的同时，亦对当代时尚造型的形式语言进行了一次大胆的尝试。

聚焦时代：19世纪法国宫廷

无羁　　设计：谢小琴

传统维多利亚式的宫廷女装繁复而隆重，运用结构、分裂的思维，将完整的宫廷裙装进行重组，运用拉链进行局部造型和连接，整体造型不羁而创意十足。

聚焦时代：19世纪欧洲宫廷

银之恋　　　设计：文诗婷

（作品获2012中国影视与时尚化妆大赛“创意造型组”铜奖）

苗族银饰是作品的灵感来源，保留了传统银饰的精美和华丽造型，大胆加入塑料材料，让服装的质感更加挺括；以细金属链为发辫，从整体造型上已经看不到民族服饰的繁琐，却多了几分神秘和冷艳的时代气息。

聚焦地域：苗族

彝韵　　　设计：郑美灵

（作品获2008中国影视与时尚化妆大赛“中国新娘组”金奖）

彝族服饰华丽丰富，作品在再现民族服饰美丽的同时，夸张地进行局部改造，使得整体更加大气华美（银器制作材料均为全手工易拉罐改造）。

聚焦地域：彝族

（四）“禅意概念”系列作品

墨之韵　　　　设计：刘诗颖

以水墨元素为主题，巧妙运用数码喷绘、立体镶钻、黑白薄纱及渐变的手段表现水墨特征，以及中国文化中对于美的含蓄表现，融合现代时尚元素，展现东方审美下的时尚形象。

染　　　　设计：曾烨瑶

水墨中的抑扬顿挫有着别样的美感，尝试在妆容中表现这种力量之美，打破传统对于化妆的局限，将面部作为画纸；结合服装的墨色吊染工艺，传达水墨元素的浪漫与自由舒展的性格。

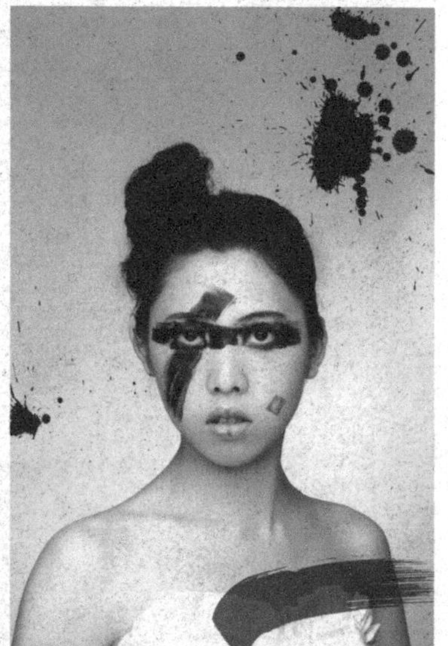

绘色　　　　　　设计：罗广、段军

（作品获邀参展2003深圳国际文化艺术博览会）

以人体为画布，书写汉字、绘画涂鸦，完全挣脱服装与人体本身的束缚，大胆而张扬，创造文字带来的生动与视觉冲击，加之模特的动态演绎，作品以影响的形式展示，不失为一件以人物形象为载体的行为艺术作品。

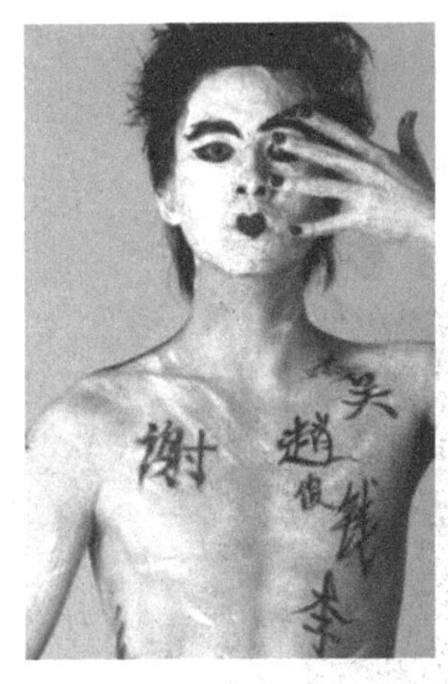

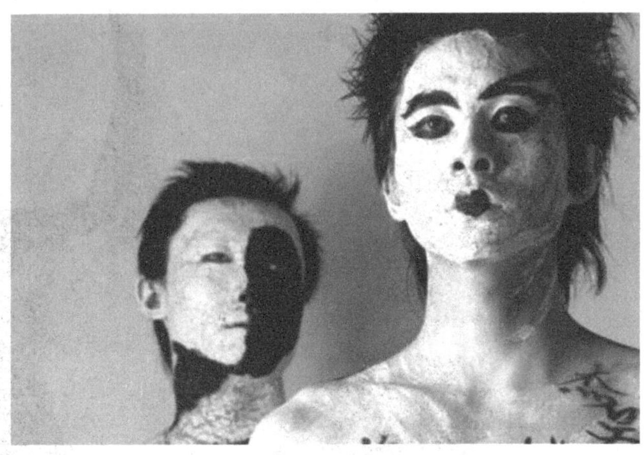

墨色　　　　　　设计：赖琼珠

（作品获邀参展2012毛里求斯国际纺织服装可持续发展研讨会“平行展”）

书法与时尚元素的结合是作品的亮点，手绘、贴钻、玫瑰、坠链……破碎的棉布上的手绘书法形成独特肌理，在浅黄色的蕾丝玫瑰花材质的呼应下，独显优雅的低调感，不失为时尚的独特视角。

迷雾　　　　设计：邢艳芬

（作品获2013年度学院奖）

灰色具有着丰富的层次和细腻的性格，在水墨中也是最难以把握的色调。运用编结的手法以及纱质材料丰富的肌理，创造一种富有层次感、富有变化、有厚度的灰色的调子。

墨葵　　　　设计：张小冰

海洋中的海葵形态生动舒展，材质轻薄透亮，将这种形态用黑白的色彩来表现，换一个角度体现水墨的灵动与灵性。

（五）“怀旧概念”系列

末日将至　　设计：文诗焕

（作品获2012中国影视与时尚化妆大赛“主持人造型组”铜奖）

舞台上的魔术师有着超人的魔力，但现实中却无法挣脱内心世界的自我束缚。

怀旧对象：魔术师

演“翼”　　设计：何雁娜

（作品获2006中国影视与时尚化妆大赛“特殊造型组”铜奖）

儿时的玩具中有两个是最令我恐惧的，也是至今难忘的——蝙蝠和恐龙，它们的外形令人有一种不寒而栗的感觉；然而，随着年龄的增长，对于它们的了解更加全面，恐龙的威严和蝙蝠的特异功能都让我深感敬畏，也许我应该回忆一下……

怀旧对象：儿时玩具——蝙蝠、恐龙

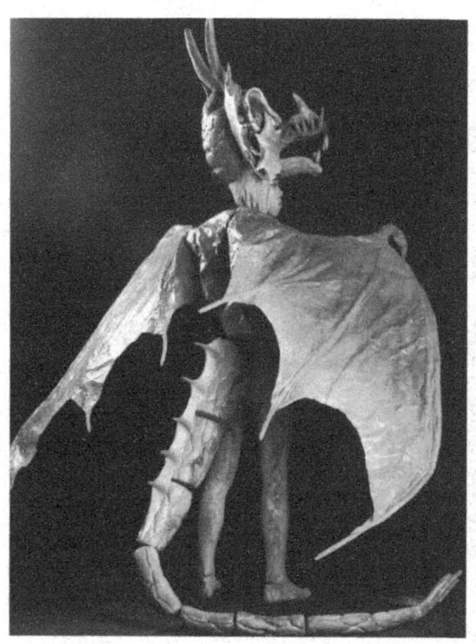

人鱼传说　　设计：马云婷

人鱼传说的故事深深吸引着一代一代的人们，如何再现她？鳞片、鱼翼的表现是时尚元素的关键，彩绘、立体造型，幽深的蓝色……这些元素综合在一起，那种海天一体的神话意境便映入眼帘。

怀旧对象：人鱼传说

参 考 文 献

[1] 王受之. 世界时装史. 北京：中国青年出版社，2007.

[2] 凯瑟琳·施瓦布. 当代时装的前世今生. 李慧译. 北京：中信出版社，2012.

[3] 林家阳. 招贴设计. 北京：高等教育出版社，2008.